Über den Verfasser

Über den Verfasser

Johannes Bergemann, geb. 1960 in Bremen, Studium der Klassischen Archäologie, Alten Geschichte und Christlichen Archäologie in Göttingen, Bonn, München und Rom. Promotion 1987. Reisestipendiat des Deutschen Archäologischen Instituts. Assistent in Göttingen 1987–1995. Guest Scholar an der Universität in Princeton, New Jersey, 1991 bis 1992. Habilitation in Göttingen 1994. Heisenbergstipendiat der Deutschen Forschungsgemeinschaft 1995 bis 1998. Lehrt seit 1998 an der Universität Leipzig, seit 2000 an der Ruhr-Universität Bochum.

Wichtigste Veröffentlichungen: Römische Reiterstatuen. Ehrendenkmäler im öffentlichen Bereich (1990); Demos und Thanatos. Untersuchungen zum Wertsystem der Polis im Spiegel der attischen Grabreliefs des 4. Jahrhunderts v. Chr. und zur Funktion der gleichzeitigen Grabbauten (1997); Die römische Kolonie von Butrint und die Romanisierung Griechenlands (1998); Die Datenbank der attischen Grabreliefs. 200 000 Informationen und 4000 Bilder auf CD-ROM (1998). – Archäologischer Herausgeber der Internet-Zeitschrift «Göttinger Forum für Altertumswissenschaft».

Johannes Bergemann

Orientierung

Archäologie

Was sie kann,
was sie will

rowohlts enzyklopädie
im Rowohlt Taschenbuch Verlag

rowohlts enzyklopädie
Herausgegeben von Burghard König

Für Uta

Originalausgabe
Veröffentlicht im Rowohlt Taschenbuch Verlag GmbH,
Reinbek bei Hamburg, Mai 2000
Copyright © 2000 by Rowohlt Taschenbuch Verlag GmbH,
Reinbek bei Hamburg
Umschlaggestaltung Beate Becker
Satz Sabon und Syntax PostScript (PageOne)
Gesamtherstellung Clausen & Bosse, Leck
Printed in Germany
ISBN 3 499 55612 X

Die Schreibweise entspricht den Regeln
der neuen Rechtschreibung.

Inhalt

1. Einleitung: Archäologie und Gesellschaft

Archäologie, das klingt nach Freiheit und Abenteuer. Ausgrabungen fremder, rätselhafter Kulturen, der Fluch des Pharao. Legenden ranken sich um großartige Entdeckungen. Die Wirklichkeit sieht anders aus, sicher weniger exzeptionell, aber dennoch interessant und spannend.

Was tut die Archäologie? Welche Rolle spielt sie in unserer Gesellschaft? Wie wird man Archäologe? Was tut ein Archäologe? Welche Perspektiven, aber auch Risiken verbinden sich mit einem Studium der Archäologie? Dieses Buch versucht, eine Antwort auf diese und viele andere Fragen zu geben, die jeden vor der Entscheidung für eine solche Ausbildung und während der ersten Studiensemester bewegen.

Überall gibt es Archäologie, in Ägypten oder im Zweistromland genauso wie in Griechenland oder Italien, ebenso in Deutschland oder in Skandinavien, in Süd- und Nordamerika oder in der Mongolei. Doch ist es beileibe nicht allein das Geschäft des Archäologen, die Reste vergangener Zeiten zu entdecken und ans Tageslicht zu bringen, sondern man muss diese Reste auch verstehen. Das Ausgraben funktioniert überall in sehr ähnlicher Weise, doch verlangt jede Kultur, die man dabei findet, danach, sich immer von neuem und umfassend mit ihr vertraut zu machen, sich in sie hineinzudenken und selbst die dazugehörigen Sprachen und Schriften zu lernen.

Daher ist die Ausbildung der Archäologen weit gefächert. Wenigstens sechs Fachrichtungen sind an vielen deutschen Universitäten vertreten:

– Klassische Archäologie (Griechen und Römer)
– Ur- und Frühgeschichte
– Christliche Archäologie
– Provinzialrömische Archäologie
– Ägyptologie
– Vorderasiatische Archäologie

Alle haben einen eigenen Studiengang, eigene Studienordnungen, eigene Leistungsanforderungen und Voraussetzungen an Sprachkenntnissen.

Der Verfasser kann als Klassischer Archäologe vor allem für sein eigenes Fach sprechen. Es soll hier exemplarisch vorgestellt werden. Doch ist es ein Ziel dieses Buchs, die angehenden Studierenden auf die verschiedenen archäologischen Fächer hinzuweisen und dadurch die grundsätzliche Entscheidung zwischen den Fächern zu erleichtern.

Ausgrabungen und Kunstwissenschaft

Beim Gedanken an die Archäologie assoziiert man also gemeinhin die Faszination des Suchens und Findens. Unverblümt denkt man an die archäologischen Ausgrabungen in aller Welt als hauptsächliches Aufgabenfeld der Archäologen. Ein spektakulärer Fund der letzten Zeit, der dieses Bild zu bestätigen schien, war der «Ötzi». Der Steinzeitmensch aus dem Gletschereis der Hochalpen an der Grenze zwischen Österreich und Italien führte uns einen Jahrtausende alten Menschen fast lebensnah konserviert vor Augen. Der Betrachter schien seinen eigenen Urahn, beinahe einen vor mehreren Jahrtausenden verstorbenen Verwandten zu sehen. Dessen Lebensumstände wurden in unmittelbarer Weise greifbar und vorstellbar. Das Leben des «Ötzi» wurde sogar verfilmt und so visuell erfahrbar gemacht.

Die Vorstellung von Archäologie als Ausgrabungswissenschaft ist besonders von den in weiten Kreisen gelesenen archäologischen Sachbüchern verbreitet worden. An erster Stelle muss an das Buch «Götter, Gräber und Gelehrte» des Schriftstellers und Verlagslektors C.W. Ceram erinnert werden. Dieses Buch war so erfolgreich, dass es als wirklicher Klassiker gelten kann. Ihm haben viele andere Autoren nachgeeifert, und in jüngster Zeit stellt auch das Fernsehen die Archäologie in populären Sendungen gern als die Wissenschaft der glücklichen Finder und Entdecker dar. Die Ausgräber selbst sind daran zuweilen nicht ganz schuldlos, doch sind dies eher Ausnahmefälle.

Auch seriöse Organe, Zeitungen und populärwissenschaftliche

Journale verbreiten diese Sicht. Da wird alles unter Archäologie subsumiert, was irgendwie danach aussieht, egal ob nun die alten Ägypter ausgegraben werden oder die Reste der Titanic. Dabei wissen wir über jene überhaupt fast nur durch die modernen Ausgrabungen, während von den Luxusdampfern vom Anfang des Jahrhunderts durch Beschreibungen, Modelle, Baupläne, Fotos und selbst erhaltene Exemplare und das in Schifffahrtsmuseen ausgestellte Mobiliar sehr genau informiert sind. Die Gegenüberstellung dieser Beispiele macht deutlich, dass Ausgrabungen einen sehr unterschiedlichen Erkenntnisgewinn erwarten lassen.

In der Tat ist die Ausgrabung die bei weitem wichtigste Quelle, aus der der Archäologe seine Informationen gewinnt. Allerdings verkürzt diese einseitige Hervorhebung des Ausgrabens und Entdeckens die Aufgaben der archäologischen Wissenschaften um wesentliche Aspekte. Denn ein einfacher Fund kann zunächst einmal nur sehr wenig aussagen. Erst ausführliche Analysen, Vergleiche und Interpretationen führen zu Resultaten, die dem Suchen und Finden überhaupt erst Sinn geben. Daher ist das Ausgraben auch nur eine unter vielen Tätigkeiten der Archäologen.

Wenn man die Geschichte des Fachs betrachtet, dann sieht man, dass das Ausgraben sogar erst relativ spät als wissenschaftliche Aufgabe begriffen wurde. Johann Joachim Winckelmann (1717 bis 1768) etwa, der als Gründer der modernen Archäologie gilt, hat nie selbst ausgegraben, sondern er hat sich mit bereits ausgegrabenen Gegenständen der bildenden Kunst beschäftigt.

Später, vor allem bei den seit dem 18. Jahrhundert durchgeführten Ausgrabungen in Pompeji und Herculaneum, waren oft Grabungsspezialisten mit der Freilegung der Antiken beschäftigt. Dagegen wurden die Funde von den Gelehrten unter Umständen weit entfernt von den Fundplätzen diskutiert, aufgrund von Veröffentlichungen in Büchern, Stichwerken, Gipsabgüssen und später auch von Fotografien.

Diese Trennung von Ausgrabung und Interpretation hatte weit reichende Folgen. Die Klassische Archäologie hat das Ausgraben und die Grabungsmethodik – sicher zu Unrecht – lange Zeit stiefmütterlich behandelt. Erst spät begriff man die Informationen über die Fundlage und die Vergesellschaftung der Fundobjekte mit anderen Gegenständen als wesentliche Informationen zu ihrer Deutung. Ein antikes Tongefäß z. B. kann ganz verschiedene Bedeutungen annehmen, je nachdem, ob es in einem Wohnhaus oder in einem Grab gefunden wird. Im Haus wird es als Trink- oder Vorratsgefäß Teil der Gebrauchsgegenstände des täglichen Bedarfs gewesen sein. Im Grab dagegen gehörte es zum Totenritual und konnte Bedeutungen einer Grabideologie oder der Eschatologie annehmen. Daher wird der Aspekt des Fundorts und des Fundzusammenhangs, des Kontexts, von der Klassischen Archäologie in jüngerer Zeit sehr viel ernster genommen als zuvor.

Für die anderen Archäologien steht das Ausgraben teils von jeher viel stärker im Zentrum, vor allem für die Ur- und Frühgeschichte. Sie hat sich allerdings erst im 20. Jahrhundert als universitäre Wissenschaft etabliert und gehört daher zu den jüngeren archäologischen Fächern. Dasselbe gilt für die mit der Ur- und Frühgeschichte eng verbundene Provinzialrömische Archäologie.

Die theoretische, d. h. nicht ausgrabende Archäologie war zunächst Kunstwissenschaft. An den Universitäten lehrten zuerst Klassische Philologen die Geschichte der antiken Kunst. Johann Joachim Winckelmann schrieb die «Geschichte der Kunst des Altertums» (1764). Noch 1953 nannte Andreas Rumpf, Professor an der Kölner Universität, als «höchste Aufgabe» der Archäologie die «Erforschung der bildenden Kunst der alten Griechen und Römer».

Doch hat die allgemeine Kunstforschung in jüngerer Zeit einen starken Dämpfer erhalten. Der Kunsthistoriker Hans Belting hat gar «das Ende der Kunstgeschichte» verkündet. Einige Kunstgeschichtler sind so weit gegangen, anstelle der Werke von Michelangelo und Picasso zeitgenössische Würstchenbuden als ästhetische Untersuchungsobjekte zu akzeptieren. Auch wenn durch diese Überlegungen am Ende kein vollständiger Bruch mit der traditionellen Kunstforschung vollzogen worden ist, ist doch die vormalige Sicherheit darüber, was eigentlich als Kunst zu verstehen sei, ins Wanken geraten.

Bereits im 19. Jahrhundert hatte es eine wichtige Strömung gegeben, die die Archäologie als umfassende Altertumskunde betreiben wollte. So sprach Alexander Conze 1869 in einer Vorlesung, die er beim Antritt einer Professur in Wien gehalten hat, davon, dass es Aufgabe der Archäologie sei, «alle in räumliche Form hineingeschaffenen Menschengedanken» zu studieren, also nicht nur Kunstwerke. Folgerichtig wurden bereits im 19. Jahrhundert auch Objekte des täglichen Gebrauchs zu den Gegenständen der Archäologie gezählt. In dieser Tradition wird der Gegenstand der Archäologie seit langem weiter gefasst. Man spricht davon, sie befasse sich mit der «materiellen Hinterlassenschaft» der Griechen und Römer und ihrer Kulturen.

Daher gab es in der Archäologie traditioneller, kunstwissenschaftlicher Prägung schon früher eine Öffnung zu Kunsthandwerk und Alltagsobjekten. So hat man sich seit langem mit den antiken Vasen, also Gebrauchsobjekten, beschäftigt. Doch hat die jüngste Diskussion auch hier ihre Spuren hinterlassen. Denn in letzter Zeit gibt es Archäologen, die sich entweder ausschließlich Gegenständen des täglichen Bedarfs widmen, z. B. Vorratsgefäßen oder den häufigen Tonlampen, oder die die vormals als Kunstobjekte angesehenen Werke als Ausdruck von politischen Ideologien oder gesellschaftlichen und religiösen Strömungen untersuchen. Davon wird in den Kapiteln 3 und 7 noch ausführlich die Rede sein.

Das Problem des «Klassischen» und die Klassischen Altertumswissenschaften

Ein zweiter Punkt ist für das Verständnis der Klassischen Archäologie wichtig. Lange Zeit profitierte dieses Fach davon, dass die am stärksten verehrten und als vorbildhaft empfundenen europäischen Kulturen ihr Gegenstand waren, nämlich Griechenland und Rom. Die Klassische Philologie konnte über lange Zeit als die Philologie schlechthin gelten. Die Kenntnis des Lateinischen und des Griechischen und der Besuch des Humanistischen Gymnasiums eröffneten bis weit in das 20. Jahrhundert hinein den Zugang zum Staatsdienst und zu den angesehenen Positionen in der Gesellschaft.

Im Laufe des 20. Jahrhunderts hat sich diese überragende gesellschaftliche Bedeutung der Klassischen Bildung freilich erheblich reduziert. Für Latein und Griechisch als Lehrfächer an den Schulen und Universitäten bedeutete diese Tendenz einen ungeheuren Einschnitt. Und wahrscheinlich ist die Entwicklung noch gar nicht abgeschlossen.

Auch die Klassische Archäologie ist von der Relativierung der klassischen Antike betroffen. Sie kann sich nicht mehr auf das selbstverständliche Interesse staatlicher Stellen und des breiten Publikums an ihrem Gegenstand verlassen. Besonders bei der Bereitstellung öffentlicher wie privater Mittel steht sie im Wettstreit mit anderen Kunst- und Kulturwissenschaften. Daher muss man heute Sinn und Notwendigkeit eines archäologischen Projekts immer reflektieren, denn gegenüber den meist staatlichen, seltener privaten Geldgebern steht man unter einem – allerdings legitimen – Rechtfertigungsdruck.

Gegenüber dem Anfang des 20. Jahrhunderts haben sich also zwei wesentliche Parameter vollkommen verändert: Die Archäologie kann nicht mehr nur Kunstwissenschaft sein, und sie kann nicht mehr auf die Autorität ihres ehedem als klassisch und vorbildhaft empfundenen, antiken Gegenstands pochen.

Klassische Archäologie als umfassende Kulturwissenschaft

Als Folgerung aus diesen Veränderungen versucht man, die Archäologie als umfassende Kulturwissenschaft zu verstehen. Doch gibt es wie nach jeder Neuorientierung natürlich eine auf die alte Tradition fixierte Richtung, die unausgesprochen an der geläufigen Kunstforschung festhält. Daher hat sich die Archäologie als Kulturwissenschaft auch noch nicht vollständig im Bewusstsein aller beteiligten Forscher niedergeschlagen.

Der Archäologe, der diese Veränderungen, die im Laufe des 20. Jahrhunderts Platz gegriffen haben, am schonungslosesten formuliert, ist der Heidelberger Professor Tonio Hölscher, von dem ein 1992 erschienener Text exemplarisch für die Möglichkeiten dieser neuen Richtung zitiert werden soll. Der Text und die Arbeiten dieses bedeutenden Forschers zeichnen sich besonders dadurch aus, dass er auch die benachbarten Fächer überblickt, soweit das heute einem Einzelnen möglich ist.

«Die Kulturen der Antike stehen uns heute nicht mehr als ‹klassisches› Vorbild vor Augen, auch nicht als verpflichtende oder unentrinnbare Tradition. Wenn ihre Kenntnis für uns irgendeinen Nutzen hat, dann als Erfahrungsraum und Experimentierfeld für andere, fremde – und doch noch kommensurable – Möglichkeiten kultureller Existenz: als Potential von Alternativen, die nicht utopisch in der Zukunft liegen, sondern bereits einmal in der Geschichte konkret durchgespielt worden sind und in ihren Folgen beurteilt werden können. Hier liegt die Aktualität einer radikalen und umfassenden historischen Betrachtung der antiken Kulturen: in der Andersartigkeit, der Fremdheit, dem Widerstand, den diese Kulturen gegenüber unseren heutigen Selbstverständlichkeiten entwickeln.

Historische Betrachtung bedeutet: die kulturellen Produkte und Phänomene der Vergangenheit im Zusammenhang des gesamten Lebens der betreffenden Gesellschaft zu sehen. Je isolierter einzelne Produkte und Phänomene vergangener Kulturen betrachtet werden, desto leichter sind sie der Manipulation im Sinne gegenwärtiger Ideologien ausgesetzt: Wenn historische Exempla durch die Faschismen unseres Jahrhunderts missbraucht werden konnten, so ist das weitgehend erst durch die isolierende geistesgeschichtliche Betrachtungsweise in den Jahrzehnten davor möglich geworden.

Historische Analyse – auch wenn sie von einzelnen Objekten ausgeht – ist daher nur sinnvoll als Rekonstruktion des gesamten kulturellen Systems. Dieses System ist letzten Endes das gesellschaftliche Leben. Für die Bildkunst der griechischen und römischen Antike gilt das umso mehr, als die Bildwerke ihre Funktion mitten im Leben hatten: Die monumentalen Werke der Skulptur und Malerei standen in Griechenland durchweg, in Rom weitgehend im öffentlichen Bereich: in den städtischen Zentren, in den großen Heiligtümern, auf den Gräbern entlang den Ausfallstraßen vor den Stadttoren, je besuchter, desto mehr. Und die Kleinkunst, soweit sie mit Bildern geschmückt wurde, gehörte nicht in den persönlichen Intimbereich, sondern zu den wichtigsten sozialen Situationen, in denen die Gesellschaft sich formierte und artikulierte: Symposion, Hochzeit, Begräbnis, Götter- und Heroenkult. Die Werke der Kunst sind für den Vollzug des sozialen und politischen Lebens produziert worden und sind nur in diesem Rahmen verständlich. Kein Zweifel, die Archäologie hat viel von der allgemeinen Geschichte zu lernen.

Interessanter und wichtiger ist aber die umgekehrte Frage: Was hat die Geschichte von der Archäologie zu lernen? Die Antwort auf diese Frage scheint auf den ersten Blick einfach: Es waren ja erst die archäologischen Grabungen, die die Welt der Antike konkret ans Licht gebracht haben, und es sind die Bildwerke, die uns eine wirkliche Anschauung von antikem Leben geben. Der enorme Zuwachs an faktischem Wissen scheint jeden Zweifel an der historischen Bedeutung der Archäologie aus dem Weg zu räumen.

Aber täuschen wir uns nicht: Der Zuwachs ist zwar quantitativ enorm, aber über die Qualität gehen die Meinungen der Historiker weit auseinander. Vom Standpunkt der Ereignis-, der Sozial- oder der Verfassungsgeschichte bleibt das faktische Wissen, das wir aus Grabungen und Bildwerken gewinnen, in der Tat oft marginal gegenüber Quellen wie Homer, Herodot oder Thukydides. In wissenschaftlichen Darstellungen der antiken Geschichte sind archäologische Befunde meist eine gut gemeinte kulturelle Arabeske. Böse Stimmen sagen, Archäologie sei die Wissenschaft von dem, was zu wissen sich nicht lohnt.

Darüber hinaus sprechen die archäologischen Befunde und Bilder vielfach nicht ‹von selbst›, sondern sind erst mit Hilfe schriftlicher Quellen zu entschlüsseln. Wenn man etwa die Teilnahme von Frauen beim Symposion im Sitzen oder Liegen aus der verschiedenen sozialen Stellung von Ehefrauen und Hetären bzw. aus kulturellen Unterschieden zwischen Griechenland und Etrurien erklärt, so erfährt man aus den Bildern nicht viel mehr als aus den Schriftquellen. Maliziöse Stimmen meinen, die Archäologie liefere zumeist Ergebnisse, die man aus anderen Zeugnissen bereits besser und genauer kennt.

Alle solche kritischen Stimmen haben gemein, dass sie die archäologischen Zeugnisse weitgehend nur als Ergänzung und Ersatz für schriftliche Quellen betrachten. Das heißt, dass man einerseits schwer erfüllbare Erwartungen an die archäologischen Zeugnisse stellt – und andererseits die spezifischen Aussagen der Bilder und der materiellen Zeugnisse nicht in den Blick bekommt. Für eine sinnvolle Kooperation und Interaktion wäre es daher notwendig, dass die einzelnen Disziplinen der Wissenschaft von der Antike sich nicht wechselseitig als ergänzende Hilfswissenschaften betrachten, sondern die spezifischen Erkenntnisse und Möglichkeiten der anderen Disziplinen im vollen Umfang ernst nehmen und einbeziehen. Wenn also die Archäologie ein nützlicher Faktor der allgemeinen Geschichtswissenschaft sein will, so wird sie sich vor allem auf solche Phänomene konzentrieren, die spezifisch in den archäologischen Zeugnissen dokumentiert sind.

Diese Zeugnisse gliedern sich in zwei Kategorien. Auf der einen Seite stehen die unbeabsichtigten ‹Spuren›, die eine Kultur hinterlässt und die durch die Grabungen zutage gefördert wurden. Dazu sind in jüngerer Zeit, ausgehend von Prähistorie und Ethnologie, neue Methoden mit weit reichenden kulturhistorischen Perspektiven entwickelt worden. Auf der anderen Seite dagegen stehen die Monumente und Bildwerke, in denen die Gesellschaft ihrem Leben bereits eine bewusste Bedeutung gegeben hat. [...]

Der folgende Versuch, einige methodische Positionen für das Verständnis von Bildern als historische Zeugnisse zu gewinnen, nimmt theoretische Ansätze auf, die in anderen Kulturwissenschaften entwickelt worden sind. Damit ist die Absicht verbunden, die Bilderwelt der Griechen und Römer in einen allgemeineren kulturtheoretischen Diskurs einzuführen. [...]» (Tonio Hölscher, Bilderwelt, Formensystem, Lebenskultur. Zur Methode archäologischer Kulturanalyse, Studi Italiani di Filologia Classica 10, 1992, 460 ff.)

Es sind vor allem zwei Aspekte, die an diesem Text hervorgehoben werden müssen. Archäologie ist Geschichtsschreibung mit anderen Quellen. Die dingliche Welt, in der Geschichte abläuft, ist für deren Gang nicht weniger wichtig als die konkreten Ereignisse. Dabei stehen künstlerischer Stil und Lebensstil in einem engen, wechselseitigen Verhältnis.

Dazu kommt der zweite Gesichtspunkt; Hölscher nennt ihn als seinen Ausgangspunkt. Griechen und Römer sind uns zugleich nahe und fremde Völker geworden, die als vergangene Beispiele neben viele andere treten. Das berühmte Wort Goethes von dem Vorrang der Griechen und Römer beispielsweise gegenüber Indern und Afrikanern kann uns nichts mehr sagen.

Diese scheinbare Gleichgültigkeit gegenüber dem, was man ehedem als europäische Tradition begriffen hat, ist keine kulturelle Katastrophe, sondern sie birgt Chancen. Durch diese Relativierung der ehedem vorbildhaften Antike wird es möglich, diese historische Epoche tatsächlich im kulturgeschichtlichen Vergleich fruchtbar werden zu lassen.

Archäologie im heutigen Alltag

Im täglichen Leben begegnet man der Archäologie heute unweigerlich an ganz verschiedenen Stellen. Die Bewohner der Städte des Rheinlands und der anderen Gebiete Deutschlands, die einmal zum Römischen Reich gehörten, erleben ständig, was es bedeutet, auf geschichtlichem Boden zu leben. Wenn irgendwo ein Haus gebaut werden soll, dann muss die Bodendenkmalpflege zunächst prüfen, ob es an der Stelle relevante Funde gibt. Und ist das der Fall, dann werden die Bauherren oftmals zu gravierenden und kostenträchtigen Änderungen ihrer Pläne gezwungen. Auch öffentliche Bauvorhaben müssen sich der Geschichte unter der Oberfläche der Straßen und Plätze anpassen, oft genug sogar beugen.

Selbst in den Gebieten, die nicht unter römischer Herrschaft gestanden haben, im ‹freien Germanien›, schreiben die modernen Bauvorschriften eine archäologische Prospektion zukünftiger Bauplätze vor. Nicht selten werden auf den Baugrundstücken unserer Innenstädte oder ebenso gut außerhalb davon archäologische Funde gemacht, die die Zeitungen dann in Sensationsmeldungen bekannt geben. Wie kommt es, dass wir den Hinterlassenschaften unserer älteren und jüngeren Vorfahren eine so große Bedeutung beimessen, dass wir mit unserer heutigen Bautätigkeit so strikt darauf Rücksicht zu nehmen versuchen?

Archäologie und Identität

Es sind verschiedene Gründe, die uns zu dieser wichtigen und notwendigen Rücksichtnahme auf die Zeugnisse der Vergangenheit motivieren. Man kann allenthalben eine Identifikation mit der lokalen Geschichte einer Stadt oder einer Gegend beobachten. Sie verbindet und schafft Gemeinschaftsgefühl bei den Bewohnern. Elegant ins moderne Stadtbild eingepasste Ruinen dienen als kulturelle Aushängeschilder.

Wie Archäologie zur Identitätsstiftung für einen ganzen Staat beitragen kann, ist besonders eindrucksvoll auf dem geschichtsträchtigen Boden Palästinas sichtbar geworden. Dort hat die Archäologie von jeher dazu gedient, verschiedenste Ideologien zu stützen. Nicht zufällig kamen nämlich viele Archäologen, die in Palästina ausgruben, aus einem klerikalen Hintergrund, oder sie waren selbst geistliche Würdenträger, die durch archäologische Ausgrabungen Probleme der Bibel lösen oder selbst Bestätigung für den christlichen Glauben suchten.

Später hat der noch junge israelische Staat einen Teil seiner Identität gerade aus archäologischen Funden geschöpft. Besonders eindrucksvoll kann das am Beispiel der imposanten Bergfestung von Masada gezeigt werden (Abb. 1), in der hoch über dem Toten Meer eine kleine Gruppe religiöser Juden jahrelang der überlegenen römischen Militärmacht trotzte. Als die Römer schließlich zum Sturm auf die Festung ansetzten, gaben sich die Verteidiger selbst den Tod (73 n. Chr.). Man kennt die Geschichte der Belagerung aus der ausführlichen Beschreibung des jüdischen Schriftstellers Josephus.

Masada liegt, wie gesagt, am Toten Meer, einige Kilometer südlich von Jericho. Diese Gegend war dem gerade gegründeten Judenstaat bereits nach der ersten militärischen Auseinandersetzung mit seinen Nachbarn (1948) zugesprochen worden. Aber Masada liegt unweit der damaligen israelisch-jordanischen Grenze und in Sichtweite der jordanischen Gebirge auf dem gegenüberliegenden, östlichen Ufer des Toten Meers. In den sechziger Jahren nun hat der bedeutende israelische Archäologe Yigeal Yadin Masada ausgegraben.

In einem populär geschriebenen Buch, das auch auf Englisch und Deutsch erschienen ist, berichtet Yadin über den Gang seiner Ausgrabungen und die Ergebnisse. Daraus wird schnell klar, dass die Ausgrabung von Anfang an auf die Rekonstruktion der Bergfeste in der Zeit der Belagerung durch die Römer abzielte und auf die damit verbundenen Ereignisse. Obwohl das Massiv vorher und lange nachher bewohnt war, werden viele Funde unwillkürlich auf diese Belagerung bezogen. So werden die Speisereste, die in den Kasematten entdeckt wurden, als demonstrative Hinweise der Belagerten an die römischen Eroberer interpretiert. Die Verteidiger hätten sie zurückgelassen, um den Römern zu zeigen, dass sie keinesfalls aus Mangel an Lebensmitteln aufgegeben hätten. Und die Mühsal, die die freiwilligen Ausgräber aus aller Welt auf sich nahmen, gerät in Yadins Beschreibung in die Nähe der Taten der Verteidiger von einst.

Das Echo, das die Ausgrabung in der israelischen Öffentlichkeit

Abb. 1: Masada, die Festung am Toten Meer. Hier wurden religiöse Juden vom römischen Militär belagert. Als ihre Lage aussichtslos wurde, wählten sie den Freitod.

fand, hätte kaum größer sein können. Die Ausgrabung wurde durch Briefmarken und Sondermedaillen der staatlichen Münze gefeiert (Abb. 2 a, b). Die Legende auf den Medaillen beschwört,

Abb. 2 a und b: Gedenkmünzen für den Fall von Masada. Die Beischriften lauten: «Wir werden freie Menschen bleiben.» «Masada wird nicht wieder fallen.»

dass Masada nicht nochmals fallen dürfe. Auch Staatsgästen wurde die Festung demonstrativ gezeigt, um den Überlebenswillen des jüdischen Staats zu dokumentieren.

Es ist wichtig, nochmals hervorzuheben, dass Masada damals wie heute auf dem international anerkannten Territorium Isreals liegt. Es ging bei der Ausgrabung also nicht um die Untermauerung territorialer Ansprüche. Doch kann man die Deutung der Ausgrabungen von Masada in der israelischen Öffentlichkeit vor dem Hintergrund der Psychologie des seinerzeit noch jungen Staates Israel leicht verstehen. Er war nach der Zahl ihrer Bewohner von weit überlegenen Staaten umgeben, die die Juden damals sogar noch gänzlich aus Palästina vertreiben wollten. Der Appell der Medaillen (Abb. 2 a, b), dass Masada nicht wieder fallen dürfe, war die Aufforderung zum Erhalt und zur unbedingten Verteidigung des jüdischen Staats.

Die archäologische Ausgrabung von Masada hatte eine enorme Bedeutung für die Indentität des jungen Judenstaats. Der Ausgräber Yadin gewann durch diese und andere Grabungen, vor allem in den altisraelitischen Siedlungen von Hazor und Megiddo, ein so großes Ansehen, dass er sich später für politische Ämter zur Wahl stellte. Allerdings ist er mit diesem Ansinnen an dem Votum der Wähler gescheitert.

Natürlich haben in dem Konflikt zwischen Isrealis und Palästinensern auch archäologische Argumente zur Untermauerung wechselseitiger Gebietsansprüche eine Rolle gespielt. Gegenwärtig nehmen freilich die meisten israelischen Archäologen eine ideologiefreie, liberale Position ein. Die Veröffentlichungen der letzten Jahre bestätigen den hohen Stellenwert der Archäologie in Israel und zugleich ihren aufgeklärten, historisch kritischen Charakter.

Archäologie und Ideologie

Zuweilen werden die Zeugnisse der Vergangenheit aber auch gezielt missbraucht, um territoriale Ansprüche und Besitzrechte einzelner Staaten oder Volksgruppen geltend zu machen. So hat beispielsweise die faschistische Regierung Italiens in den zwanziger und dreißiger Jahren des 20. Jahrhunderts das antike Römische Reich und besonders den Kaiser Augustus als historische Begründung für den italienischen Imperialismus benutzt. 1938 organisierte man eine große Ausstellung, die Gipsabgüsse und Modelle römischer Skulpturen sowie Bildwerke aus allen Teilen des antiken Römischen Reiches in Rom versammelte, um den imperialen Anspruch des faschistischen Italien zu unterstreichen.

Allerdings war man zu keinem Zeitpunkt daran, das Römische Reich tatsächlich wiederherzustellen. Stattdessen beschränkten sich die Eroberungsbemühungen auf ein koloniales Abenteuer in Libyen, die Inselgruppe der Dodekanes in Griechenland, zu der Rhodos gehört, und Albanien auf dem Balkan. Hier suchte man sich – wie anderswo auch – Ziele für archäologische Expeditionen, die für eine historische Legitimierung der Besatzung instrumentalisiert werden konnten. In Albanien war das vor allem die Stadt Butrint (Abb. 3).

Abb. 3: Im Theater von Butrint (Albanien) standen die Porträtstatuen des Kaisers Augustus, seiner Frau Livia und seines Generals Agrippa.

Sie liegt ganz im Süden des Landes, nur wenige Seemeilen von der griechischen Insel Korfu entfernt. Butrint war für die Legitimierung der italienischen Herrschaft über Albanien in zweierlei Hinsicht besonders geeignet. Einerseits soll sie nach einer alten Legende, die der Dichter Vergil überliefert, von Aeneas gegründet worden sein. Aeneas war aus Troja bei dessen Zerstörung durch die Griechen geflüchtet und in langen Irrfahrten nach Italien gekommen. Dort gründete er Alba Longa, die Vorgängerstadt Roms. Andererseits wurden in Butrint später durch Caesar und Augustus römische Kolonisten angesiedelt, die aus Italien kamen. Dass der mythische Urahn der Römer aus dem Troja des griechischen Dichters Homer Butrint gegründet hatte, konnte von den Faschisten als Beleg für die Rechtmäßigkeit der Besetzung Albaniens angesehen werden.

Zudem erbrachten die Ausgrabungen sogar Fundobjekte, die für diese ideologische Sicht in fataler Weise nutzbar gemacht werden konnten. So entdeckte man marmorne Porträts des Augustus und der Livia und vor allem des Agrippa (Abb. 4). Agrippa war Schwiegersohn und Feldherr des Augustus gewesen und hatte in den entscheidenden Schlachten des Bürgerkriegs die Truppen des siegreichen Augustus befehligt. Dieser Militär kam der faschistischen Kriegsideologie besonders gelegen. Daher wurde sein Marmorbildnis aus Butrint in einer nicht besonders dicken, aber besonders prächtig aufgemachten, großformatigen Publikation mit anhängenden, auf lose Blätter gedruckten Großfotos veröffentlicht.

Glücklicherweise stehen die Italiener politischen Ideologien meist gelassener gegenüber als Angehörige anderer Völker. Daher kann man die Texte der italienischen Archäologen über Butrint und andere Ausgrabungsplätze aus diesen Jahren auch heute noch als wissenschaftliche Informationen benutzen. Dasselbe gilt übrigens für die wunderbare Sammlung von Modellen und Gipsabgüssen, die von der Ausstellung bis heute geblieben ist und die man im Museum der römischen Zivilisation (Museo della Civiltà Romana) im römischen Stadtteil ‹EUR› besichtigen kann (Abb. 5).

Auch in Deutschland hat man natürlich die Archäologie für nationale Ideologien vereinnahmt, und zwar nicht nur in den Zeiten des Nationalsozialismus. Im Jahre 9 n. Chr. brachte der Germanenfürst Arminius in der Schlacht im Teutoburger Wald den Legionen des römischen Feldherrn Varus eine vernichtende Niederlage bei. Dieses Ereignis hat in der neuzeitlichen Forschung eine langwierige Debatte verursacht, in der um den Ort der Schlacht leiden-

Abb. 4: Porträt des Agrippa, Freund und General des ersten römischen Kaisers Augustus. Der Kopf wurde bei den Ausgrabungen während der italienischen Besetzung Albaniens in der Stadt Butrint gefunden.

Abb. 5: Modell der Stadt Rom während der römischen Kaiserzeit. Es wurde für die «Ausstellung der Römischen Kultur» 1938 hergestellt. Rom, Museo della Civiltà Romana

schaftlich gestritten wurde. Erst vor etwa zehn Jahren gelang durch sensationelle archäologische Funde bei dem Ort Kalkriese im Landkreis Osnabrück seine genaue Lokalisierung. Die Entdeckungen haben die mehr als 100 Jahre lange Kontroverse der Forscher beendet. Daher darf man sie mit Fug und Recht als «sensationell» bezeichnen.

Der Germanenfürst Arminius war für die gelehrte Welt in Deutschland naturgemäß eine sehr zwiespältige Figur. Denn einerseits verehrte man die lateinische Kultur der Römer, und in den Gymnasien lernte die angehende intellektuelle und ökonomische Führungsschicht deren Sprache und Literatur. Andererseits waren die Römer als Besatzer bis nach Germanien gekommen, und Germanien wurde mehr als nur geographisch mit Deutschland identifiziert.

In der Ära des deutschen Kaiserreichs nach 1871 genoss Arminius eine so hohe Verehrung, dass man an einem der vermuteten Schlachtorte, bei Detmold, eine über 50 Meter hohe, monumentale

Abb. 6: Hermannsdenkmal bei Detmold: Das deutsche Kaiserreich instrumentalisierte den Sieg der Germanen über die Römer im Teutoburger Wald für die Propaganda gegen das romanische Frankreich.

Statue zum Gedenken an die Schlacht errichtete (1875) (Abb. 6). Und das war keineswegs zufällig, denn dieses Monument gehört in die Zeit der so genannten Erbfeindschaft zwischen Deutschland und Frankreich. Die Römer wurden in der Vorstellung jener Jahre mit den romanischen Franzosen identifiziert. Arminius, der Sieger über die Römer, wurde so gleichsam zum Sieger über den so genannten Erbfeind Frankreich. Allerdings steht das Hermannsdenkmal bei Detmold, wie wir jetzt wissen, an der falschen Stelle.

Zufällig fiel die archäologische Entdeckung des wirklichen Schlachtfelds bei Kalkriese beinahe mit der Deutschen Einigung des Jahres 1989/90 zusammen. Es ist zugleich erstaunlich und doch wieder sehr beruhigend, dass dieses Zusammentreffen nicht zu einer neuerlichen nationalen Vereinnahmung des Arminius geführt hat. Die Begeisterung für den Fund beruht vielmehr auf der glücklichen Lösung der 100 Jahre währenden Disputs. Zugleich wurde die genaue Lokalisierung des Schlachtorts und die Entdeckung von Waffen, Münzen und anderen von der Schlacht liegen gebliebenen Resten hinsichtlich des fast 2000 Jahre zurückliegenden historischen Geschehens zum Faszinosum. Es zieht viele Besucher in die Gegend und wirkt bei den Bewohnern des Osnabrücker Landes identitätsstiftend.

Archäologie und Ökonomie

Doch stehen hinter der Pflege, dem Erhalt und der Ausstellung antiker Bodenfunde im öffentlichen Raum oder in Museen oftmals ganz handfeste, wirtschaftliche Interessen. Meist wittern die Stadtväter besonders kleinerer Orte, wenn ansehnliche Bodenfunde zutage treten, ein lukratives Geschäft. Denn archäologische Funde ziehen Tourismus nach sich.

Ein gutes Beispiel für die ökonomische Wirkung der Archäologie ist erneut der Ötzi. Nachdem geklärt war, dass die Leiche auf der italienischen Seite der Grenze gefunden worden war, wurde sie nach Bozen, der Hauptstadt der italienischen Region Südtirol (Alto Adige), gebracht. Dort gab es bis dahin natürlich einen intensiven Berg- und Sporttourismus, jedoch nur in geringerem Umfang an Kultur interessierte Reisende. Diese Lücke füllt Ötzi seither in glücklicher Weise, denn seitdem ein Anbau an das Bozener Landesmuseum errichtet worden ist, in dem die Eisleiche dauerhaft ausgestellt werden kann, kommen Touristen in die Stadt, gerade um diesen Fund zu sehen. Muss die Ausstellung einmal aus konservatorischen Gründen geschlossen werden, dann sinkt sofort die Zahl der Besucher in Bozen.

Die Archäologie als lokaler Wirtschaftsfaktor ist also manchmal von nicht unerheblicher Bedeutung, die sich auch in Zahlen sehr genau belegen lässt. Die Folgen bekommen die örtliche Gastronomie, Beherbergungsbetriebe und ebenso Verlage zu spüren, die Museumskataloge herausbringen. Und selbst die Anbieter von Fortbewegungsmitteln bis hin zu Fluggesellschaften und Autobauern profitieren zumindest partiell von den Ausgrabungen, denn die Touristenströme müssen zu den Ausgrabungsstätten und Museen erst einmal hinbefördert werden. Daher schafft Archäologie gelegentlich sogar Arbeitsplätze, am wenigsten leider für die professionellen Archäologen, doch selbst für diese springt manchmal etwas heraus.

Vorstellung der Gliederung

Die Archäologie genießt also auch ohne das Ansehen, das sie als Teil der Klassischen Altertumswissenschaften einstmals besaß, eine große Reputation. Überall stößt man auf Archäologie, als Tourist oder als Häuslebauer. Aber wie wird man nun Archäologe? Was müssen die Studierenden während ihres Studiums tun und wie sieht der Berufsalltag aus? Welche Chancen eröffnet das Studium eines solchen Orchideenfachs? Das Buch versucht, in fünf Schritten Antworten auf die brennendsten Fragen der angehenden Studierenden und der jüngeren Kommilitoninnen und Kommilitonen zu geben.

Unter der Überschrift «An der Schwelle von der Schule zur Universität» (Kapitel 2) werden die archäologischen Studienfächer kurz vorgestellt, die unterschiedlichen Gegenstände, die jeweiligen Studienvoraussetzungen, Sprachanforderungen, Studiengänge und Abschlüsse. Außerdem wird ein kurzer Überblick über die allgemeinen Strukturen der Universitäten gegeben sowie über die landesweiten Organisationen der archäologischen Fächer, zwischen den Hochschulen. Dabei gilt besonderes Augenmerk der Frage, wo Informationsangebote vorhanden sind, die für angehende Studierende interessant sein können.

Kapitel 3 nimmt die Klassische Archäologie in den Blick und beschreibt exemplarisch, womit sich diese Archäologie der antiken Mittelmeerwelt eigentlich beschäftigt, sowie Methoden und Arbeitsweisen bis hin zu dem noch jungen, teils gar noch umstrittenen Einsatz von EDV und Multimedia. Dieser Abschnitt soll zeigen, auf welche Inhalte der angehende Archäologe sich einlässt.

Anschließend gibt Kapitel 4 eine Übersicht über die Geschichte der Klassischen Archäologie, also der ältesten archäologischen Wissenschaft. Dabei geht es einerseits darum, die Wurzeln für augenblickliche archäologische Richtungen und Standpunkte aufzuzeigen, andererseits um die wechselnde gesellschaftliche Stellung der Archäologie als klassizistische, beispielhafte Wissenschaft, als Mittel imperialer Außenpolitik oder als Auslöser für Touristenströme und Quelle regionaler Identitäten.

Im 5. Kapitel («An der Schwelle von der Universität zum Beruf») wird der schwierige Übergang von einem meist sehr schönen Studium in die raue Arbeitswelt geschildert. Es ist klar, dass die Möglichkeiten, als Archäologe sein Brot zu verdienen, nicht gerade zahlreich sind. Auch wird die ‹Ochsentour› vom Studienabschluss zu einer lebenslangen Anstellung als Archäologe beschrieben. Zusätzlich wird besonderes Gewicht auf die Möglichkeiten gelegt, als Archäologe zum Quereinsteiger in Bereichen außerhalb von universitärer Lehre, archäologischer Forschung und Kunstmuseen zu werden.

Danach stehen im 6. Kapitel unter dem Titel «Universität im Wandel – Studierende im Wandel» einige Überlegungen zur Lage der Archäologien in der sich rapide verändernden Landschaft der Universitäten. Natürlich übt auch jede neue Studentengeneration mit ihren Interessen und Wünschen Einfluss auf die Lehre aus, die sie an den Universitäten erhält. Am Schluss steht im 7. Kapitel eine kurze Charakterisierung einiger wichtiger archäologischer Richtungen, die heute in den Universitäts- und Forschungsinstituten zu finden sind.

Drei Anhänge geben schnellen Überblick über die Anschriften der archäologischen Seminare und Universitätsinstitute (Anhang

2). Sie sind nach den verschiedenen archäologischen Fächern ge-
gliedert. Daher kann die Auflistung helfen, auf einfache Weise die
für die jeweils angestrebte Fächerkombination günstigste Universität herauszufinden. Die Adressen können auch als Referenzen zur
Einholung erster Studieninformationen benutzt werden. Eine weitere Übersicht (Anhang 1) gibt zudem Hinweise auf für den Anfän-
ger interessante, teils noch auf dem Buchmarkt greifbare Literatur.
Sie ist zugleich so ausgewählt, dass man einen Eindruck von den
gegenwärtigen Richtungen und Fragestellungen erhalten kann. Im
Anhang 3 findet man schließlich archäologische Angebote in den
neuen Medien, vor allem im Internet.

2. An der Schwelle Schule–Universität

Der Weg von der Schule an die Universität ist räumlich oft nicht weit, denn viele Studierende entscheiden sich am Anfang ihres Studiums für eine ihrem Wohnort nahe gelegene Hochschule. Aber meist ist er doch mit überraschenden Veränderungen verbunden. Während nämlich die Schule Bildung vermitteln soll, zielt ein Universitätsstudium darauf ab, eine Ausbildung für künftige Berufstätigkeit zu vermitteln. An den Universitäten lernt man in den geisteswissenschaftlichen Studiengängen weniger Überblickswissen als Details, weniger passives Lernwissen als aktiv anwendbare intellektuelle Fertigkeiten.

Dazu gibt es verschiedene Veranstaltungsformen, vor allem Seminare und Vorlesungen. Die Vorlesungen werden von Dozenten der archäologischen Fächer meist in der Art eines wissenschaftlichen Vortrags abgehalten. Die Dozenten lassen auch Fragen der Studierenden zu und geben Möglichkeiten zu weiterführenden Diskussionen. Der Zweck der Vorlesung ist es, Detailwissen im großen Zusammenhang zu lernen.

In den Seminaren dagegen sollen die Studierenden selbst aktiv lernen. Es werden verschiedene Seminarformen meist im Wechsel abgehalten. In den archäologischen Fächern fertigen die Studierenden im Zuge der Seminare meist Referate an, in denen sie ein begrenztes Thema bearbeiten und ihren Kommilitoninnen und Kommilitonen selbst vorstellen. Manchmal wird außerdem eine schriftliche Ausarbeitung verlangt. Für die eine oder die andere Leistung bekommt man dann einen benoteten Seminarschein. In anderen Seminarformen erhält man den Schein dagegen für eine Klausur oder allein für eine schriftliche Hausarbeit.

In Übungen werden meist allgemeinere Themen oder neue Forschungen von generellem Interesse behandelt oder technische Fertigkeiten vermittelt, z. B. archäologisches Fotografieren, die Technik der Ausgrabung oder Archäologie und Computer. In Doktoranden- und Magistrandenkolloquien werden laufende Arbeiten an den Instituten vorgestellt und mit den betreuenden Dozenten und den anderen Studierenden diskutiert. Schließlich veranstalten viele Archäologische Seminare eigene Hauskolloquien, in denen oft auswärtige Wissenschaftler über ihre neuesten Arbeiten berichten.

Man kann zwei wichtige Fähigkeiten nennen, die die Studierenden der Klassischen Archäologie lernen sollten: erstens differenziertes Sehen und zweitens die Fähigkeit, unter divergierenden Forschungsmeinungen aufgrund der Fundstücke eine begründete, eigene Position zu entwickeln.

Natürlich gibt es – ebenso wie für das Lernen von Sprachen – für das Sehen, also die differenzierte Erfassung visueller Zusammenhänge, bei den Studierenden unterschiedlich starke Begabungen. Doch wird das Visuelle an den Gymnasien kaum thematisiert. Der Schulunterricht hat seinen Schwerpunkt vielmehr traditionell in Texten, Deutsch, Fremdsprachen und Mathematik. Auch die Bildungsreformen und die Öffnung des Fächerkanons seit den siebziger Jahren hat nicht dazu geführt, dem Unterricht in einer differenzierten, visuellen Wahrnehmung breiteren Raum zu verschaffen. Daher fällt die visuelle Ausbildung der Schüler im Zuge der jüngsten Konzentration der gymnasialen Lehrpläne auf die traditionelle, zentrale Fächergruppe, die grundsätzlich sicher Vorteile bringt, nun neuerdings unter den Tisch. Der kritische Umgang mit Bildern in unserer von visuellen Reizen überfüllten Welt – Stichwort: Fernsehen, Werbung – wäre selbstverständlich ein wichtiges Lernziel. Wegen dieser Situation müssen die visuellen Begabungen der Studierenden im Laufe des Studiums gefunden, gefördert und ausgebildet werden.

Zweitens müssen die Studierenden der Archäologie lernen, sich aufgrund divergierender Argumente und angesichts unterschiedlicher Lösungsvorschläge in der wissenschaftlichen Literatur eigenständig eine begründete Meinung zu bilden. Es gibt nämlich kaum wirkliche Lehrbücher für die archäologischen Fächer und nur wenige wissenschaftliche Einführungen, die zuweilen nicht gerade auf dem neuesten Stand der Wissenschaft geschrieben oder schon vor längerer Zeit erschienen und daher veraltet sind. Insofern werden die Studierenden von Anfang an überwiegend an der wissenschaftlichen Literatur ausgebildet. Und die bietet natürlich unterschiedliche Positionen, die man erkennen und zwischen denen man sich eine eigene Meinung bilden muss. Dazu muss man lernen, mit Kritik zu lesen und nichts zu glauben, was man nicht selbst auf seine Stichhaltigkeit hin überprüft hat.

Diese beiden Fähigkeiten, visuelle Begabung und Kritik- sowie begründete Entscheidungsfähigkeit, kann man als Voraussetzungen für die Aufnahme des Studiums ansehen. Da sie in den Schulen aber wie gesagt nicht unbedingt gelehrt werden, werden die Studierenden meist auch erst im Laufe ihres Studiums feststellen, wie stark sie sich den Anforderungen gewachsen fühlen. Doch wird natürlich auf die Ausbildung dieser Fähigkeiten an den Universitäten meist besonderer Wert gelegt.

Die archäologischen Fächer

Wenn man sich entscheidet, Archäologie zu studieren, sollte man sich zuerst überlegen, welche Archäologie man überhaupt studieren möchte, und das heißt, welche Zeiten oder welche Kulturen.

Klassische Archäologie

Klassische Archäologie beschäftigt sich mit den Ländern, die einmal zum Römischen Reich gehört haben. Das sind besonders die heutigen Anrainerstaaten des Mittelmeers von Spanien und Marokko im Westen über die Stammländer der antiken Kulturen, Italien und Griechenland, bis zur Türkei, Syrien, Palästina und Jordanien im Osten. Dazu kommen einige entferntere Bereiche, in die die Römer ebenfalls vorgestoßen sind, das nördliche Gallien, Germanien, Britannien und das heutige Rumänien. Ferner gehört die griechisch-römische Periode in Ägypten zu den Gegenständen der Klassischen Archäologie. Zeitlich deckt sie die Epochen von der minoischen und mykenischen Periode in der Bronzezeit (2. Jahrtausend v. Chr.), die verschiedenen Epochen der griechischen und römischen Geschichte bis zum Beginn des Mittelalters (um 500 n. Chr.) ab. Dieses Fach interessiert sich traditionell stärker für die Analyse und die Deutung der Grabungsfunde als für das Ausgraben an sich. Das hängt auch damit zusammen, dass etwa in den Museen der Mittelmeerwelt durch die lange Periode zurückliegender Grabungen ein großer Fundus an interessanten Objekten vorhanden ist. Gleichwohl gibt es eine ganze Reihe wichtiger Grabungsprojekte, die von Klassischen Archäologen betrieben werden.

Ur- und Frühgeschichte

Die Ur- und Frühgeschichte kann mit ihrer Methodik die Archäologie aller geographischen Bereiche und Epochen behandeln. Doch gibt es natürlich in den Universitätsinstituten traditionelle oder mit den jeweiligen Dozenten verbundene Schwerpunkte. In Deutschland untersucht die Urgeschichte alle Erscheinungsformen menschlichen Lebens seit den Steinzeiten. Geographisch konzentriert man sich auf den nordalpinen Raum, auch Skandinavien, Mittel- und Osteuropa, u. U. auch auf bestimmte Gebiete der Mittelmeerwelt, z. B. die iberische Halbinsel, Anatolien, Italien vor den Römern usw. Die Frühgeschichte schließt an die Zeit des späten Römischen Reichs an und behandelt vor allem die früh- und hochmittelalterlichen Epochen. Archäologie in den heutigen deutschen Städten kann jedoch ebenso gut auf noch jüngere archäologische Funde stoßen, z. B. aus der frühen Neuzeit oder gar auf jüdische Synagogen aus der Zeit vor dem Holocaust. In diesem Bereich haben sich teils spezielle Zweige entwickelt, z. B. die Industriearchäologie.

Provinzialrömische Archäologie

Den zeitlichen Zwischenraum zwischen der Ur- und der Frühgeschichte in Deutschland deckt die Provinzialrömische Archäologie ab. Sie wird nur an wenigen Universitäten als eigenes Fach gelehrt, namentlich in Köln und München, also in den Gebieten, die Provinzen des Römischen Reichs gewesen sind. Sie konzentriert sich traditionell auf diese germanischen Provinzen. Die Beziehungen der Provinzialrömischen Archäologie zu ihren Nachbarfächern sind jedoch außerordentlich eng. Was die Methodik vor allem der Ausgrabungen angeht, lehnt sie sich an die der Ur- und Frühgeschichte an. Die Fundobjekte der römischen Zeit aus dem nordalpinen Raum finden jedoch oftmals Vergleiche in den Mittelmeerländern. Dies führt zu einer ebenso engen Verzahnung mit der Klassischen Archäologie. Denn im Grunde genommen kann Provinzialrömische Archäologie ebenso in allen anderen Provinzen des Römischen Reichs betrieben werden, von Spanien bis nach Syrien. Die beiden Fächer gehen also geradezu ineinander über.

Christliche Archäologie

Die Christliche Archäologie ordnet sich in ähnlicher Weise zwischen die Archäologie der Spätantike und die Kunstgeschichte des frühen Mittelalters ein. Traditionell beschäftigt sie sich mit den Spuren der frühen Christen in der archäologischen Überlieferung. Dies kann naturgemäß nur in Zusammenhang mit den gleichzeitigen nichtchristlichen, paganen Denkmälern geschehen. Daher ist die Christliche Archäologie auf enge Zusammenarbeit mit der Klassischen Archäologie und der Kunstgeschichte angewiesen. Mancherorts ist die Christliche Archäologie in die Theologischen Fakultäten integriert, doch gibt es eine starke Tendenz, dieses Fach den Philosophischen Fakultäten zuzuordnen, aus denen die meisten Studierenden kommen.

Ägyptologie

Die übrigen Archäologien können nach ihrem Gegenstand klarer voneinander abgegrenzt werden. Die Ägyptologie deckt die Kultur des Alten Ägypten, vor allem die Pharaonenzeit, ab. Auch für Besonderheiten des griechisch-römischen Ägypten sind die Ägyptologen zuständig, oftmals im Austausch oder in Zusammenarbeit mit der Klassischen Archäologie. Die Ägyptologie ist traditionell stark philologisch ausgerichtet. Man lernt im Laufe des Studiums verschiedene altägyptische Schriften und Sprachen bis hin zum Koptischen, dem Griechisch des frühchristlichen Ägypten.

Vorderasiatische Archäologie

Die Vorderasiatische Archäologie schließlich befasst sich mit den Kulturen des Nahen Osten, vor allem des Zweistromlandes und Ostanatoliens. Auch für sie spielen die Keilschriften und Sprachen dieser Region eine grundlegende Rolle, dazu natürlich die wichtigen Ausgrabungen des ganzen Gebiets.

Bauforschung

Für die Erforschung der antiken Architektur gibt es ein spezielles Fach, nämlich die historische Bauforschung. Sie wird an verschiedenen Technischen Universitäten gelehrt, wo sie vor allem von den Architekturstudenten als Nebenfach belegt wird. Einige von ihnen entscheiden sich dann dafür, eine Diplomarbeit oder eine Dissertation über ein historisches Thema zu schreiben. Dieses muss nicht unbedingt aus dem Bereich der antiken Architektur stammen, sondern könnte sich durchaus auf ein jüngeres Bauwerk aus dem Mittelalter oder aus der Neuzeit beziehen. Die historische Bauforschung hat sich traditionell stark mit den konstruktiven und technischen Fragen historischer Gebäude befasst. In jüngerer Zeit werden jedoch verstärkt auch Fragen nach der Nutzung und dem gesellschaftlichen Kontext untersucht. Bauforscher sind jedoch ihrer Ausbildung nach zunächst einmal Architekten.

Die genannten Archäologien sind nicht an allen Universitäten vollzählig durch eigene Institute und Studiengänge vertreten. Am besten erkundigt man sich bei der Universität seiner Wahl oder bei mehreren Universitäten, um herauszufinden, wo man die gewünschte Fächerkombination studieren kann. Anhang 2 mit den Anschriften der Seminare der verschiedenen archäologischen Fachrichtungen gibt eine Entscheidungshilfe für diese wichtige Frage.

Die archäologischen Studiengänge

Die Abschlüsse, die man mit den archäologischen Fächern anstreben kann, sind in der Regel der Magister Artium (M.A.) und anschließend die Promotion zum Dr. phil. Diese Abschlussexamen sind reine Universitätsprüfungen. Das bedeutet, sie entsprechen nicht dem Staatsexamen und eröffnen daher keine Perspektive für eine Schullaufbahn.

Haupt- und Nebenfächer

Man kann die verschiedenen archäologischen Fächer entweder als Hauptfach oder als Nebenfach studieren. Diese Unterscheidung entspricht dem gängigsten Studienplan, der in den geisteswissenschaftlichen Fächern ein Hauptfach und zwei Nebenfächer vorsieht. Es können alle Fächer der traditionellen Philosophischen Fakultät miteinander kombiniert werden. Besonders beliebt sind natürlich Kombinationen der besonders eng benachbarten Fächer, z. B. die Archäologien mit Alter Geschichte, Kunstgeschichte, Ägyptologie oder gelegentlich auch mit den Studiengängen Philosophie oder einer Fremdsprache. Auf besondere Erlaubnis können auch Fächer anderer Fakultäten hinzugewählt werden, beispielsweise zur Ur- und Frühgeschichte Geologie oder Paläobotanik.

In manchen Fakultäten muss das erste Nebenfach aus dem Kreis der besonders nahen Nachbarfächer gewählt werden. Mancherorts wird z. B. für das Hauptfach Klassische Archäologie als erstes Nebenfach Alte Geschichte, Latein oder Griechisch vorgeschrieben. Andernorts fehlen solche die Kombinationsmöglichkeiten einschränkenden Vorschriften auch ganz.

Eine typische Fächerkombination, wie sie viele Studierende belegen, ist z. B.:
- Hauptfach: Klassische Archäologie
- 1. Nebenfach: Alte Geschichte
- 2. Nebenfach: Ur- und Frühgeschichte oder Kunstgeschichte
                oder Ägyptologie.

Doch sind auch ganz andere Konstellationen vorstellbar, die von den meisten Studienordnungen ermöglicht werden. Dadurch können die Studierenden selbständig eigene Schwerpunkte setzen, je nach ihren persönlichen Interessen. Denn eine geschickte Wahl der Nebenfächer kann auch für den späteren Berufsweg Chancen und Möglichkeiten eröffnen.

Zwei Hauptfächer

Ein anderes Studienkonzept sieht zwei Hauptfächer vor, wobei zwischen einem 1. und einem 2. Hauptfach unterschieden wird. Dazu erkundige man sich in der jeweiligen Studienuniversität, denn die Studienordnungen sehen dieses Konzept manchmal nur für den Magisterstudiengang vor, aber nicht für die Promotion, andernorts auch für beide Abschlussprüfungen.

Wechsel von Haupt- und Nebenfächern

Man sollte sich möglichst innerhalb der ersten Studiensemester für die endgültige Fächerkombination entscheiden. Dabei muss zuerst vor allem das Hauptfach ausgewählt werden. Die Nebenfächer können im Laufe der ersten Semester durchaus noch einmal gewechselt werden, und auch ein Tausch von Haupt- und Nebenfach ist möglich. Doch sollte man im Sinne eines zügigen Studiums nicht allzu lange damit warten.

Studienberatung

Informationen zu den einzelnen Fächern erhält man am besten in der Fachstudienberatung, die alle beteiligten Seminare und Institute anbieten. Darüber hinaus veranstalten viele Universitäten Informationstage für Schüler. Die Adressenlisten in den Anhängen geben Hinweise, wo man entsprechende Informationen erfragen oder im Internet finden kann.

Gliederung und Ablauf des Studiums

Die Konzeption des Studiums und die einzelnen Studienleistungen werden durch die Hochschulgesetze der Bundesländer und durch die Studien- und Prüfungsordnungen der Universitäten geregelt. Es gibt im Detail einige Abweichungen, doch sieht ein Studiengang üblicherweise etwa so aus, wie es im Folgenden beschrieben wird.

Das Studium gliedert sich in Grund- und Hauptstudium. Beide sind in den Studienordnungen auf jeweils vier Semester angelegt. Das Grundstudium soll einen Überblick über die zentralen Gebiete des Fachs geben und in die wichtigsten Fertigkeiten wissenschaftlichen Arbeitens einführen. Dazu zählen die Kenntnis wichtiger Ausgrabungsplätze, Objekte und Monumente, die Literaturrecherche und die Klassifizierung von Objekten.

Sprachkenntnisse

Außerdem müssen meist im Laufe des Grundstudiums diejenigen Sprachen nachgeholt werden, die auf den Schulen nicht gelernt wurden oder nicht gelernt werden konnten. Für die Studierenden der Klassischen Archäologen bedeutet das, dass sie besonders in den ersten vier Semestern einen relativ großen Teil ihrer Zeit auf die Vervollständigung ihrer Kenntnis der antiken Sprachen, Latein und Griechisch, verwenden müssen.

Von den Klassischen Archäologen werden im Allgemeinen das Latinum und das Graecum verlangt. Da vor allem das Griechische an den Schulen kaum noch unterrichtet wird, muss inzwischen die Mehrzahl der Klassischen Archäologen zumindest diese Sprache in den ersten Studiensemestern nachlernen. Da dies von den meisten Studierenden relativ problemlos absolviert wird, stellt ein Nachholbedarf in den alten Sprachen also beileibe keinen Grund dar, ein solches Sudium nicht zu beginnen.

Die Sprachanforderungen für die anderen Archäologien sind nach den jeweiligen Erfordernissen unterschiedlich gefasst. Für Ur- und Frühgeschichte genügt meist das Latinum, dagegen verlangen die Studienordnungen der Ägyptologie und der Christlichen Archäologie meist auch das Graecum oder Griechischkenntnisse in einem geringeren Umfang.

Die Universitäten bieten in jedem Semester Kurse verschiedener Schwierigkeitsstufen in Latein und Griechisch an. Die altphilologischen Seminare lehren die klassischen Formen der beiden Sprachen. Die Theologischen Fakultäten offerieren dagegen, besonders was das Griechische angeht, zuweilen Kurse für das hellenistische

Griechisch der Bibel. Ob diese Kurse von der Studienordnung für Archäologie akzeptiert werden, sollte man jeweils mit den Fachstudienberatern der archäologischen Seminare klären.

Darüber hinaus gibt es private Anbieter von Sprachkursen, die gegen entsprechende Gebühren oft in wenigen Wochen innerhalb der Semesterferien zum Latinum oder zum Graecum führen oder auch spezifische Prüfungsvorbereitungen bieten. Auf derartige Kurse weisen meist Aushänge an den ‹schwarzen Brettern› der Universitätsinstitute hin.

Weil diese Sprachanforderungen wie gesagt von vielen Studenten nicht mehr von der Schule her erfüllt werden können, ist es wohl angemessen, ein Wort zu ihrer Notwendigkeit zu sagen. Die Klassische Archäologie ist aus der Klassischen Philologie heraus entstanden. Bis heute muss sie neben ihren materiellen Fundobjekten selbstverständlich die antiken, griechischen und lateinischen Textquellen analysieren und außerdem antike Inschriften und Münzen, die ebenfalls in diesen Sprachen beschriftet sind. Natürlich verstehen die Archäologen in der Regel nicht das philologische Handwerk der Textkritik in derselben Rafinesse wie die Klassischen Philologen selbst. Umgekehrt wären diese schließlich zumeist damit überfordert, die archäologischen Objekte zum Sprechen zu bringen. Dafür haben sich die Fächer mit ihren jeweiligen Spezialisierungen herausgebildet. Doch sollte ein Klassischer Archäologe so viel Griechisch und Latein lesen können, dass er die Textkritik eines Philologen verstehen und auf ihre Gründe zurückführen kann. Auch sollte er eine antike Inschrift mit ihrem oft sehr standardisierten Vokabular selbständig lesen und verstehen können. Für alle Epochen, für die man außer auf archäologische Quellen auch auf eine reiche, schriftliche Überlieferung zurückgreifen kann, gilt, dass es möglich ist, ein sehr viel konkreteres Bild zu entwerfen als ohne schriftliche Dokumente.

Grundstudium

Die konkreten Leistungsanforderungen der Studienordnungen sind meist nicht besonders hoch. Im Schnitt werden im Hauptfach etwa vier benotete Proseminarscheine verlangt, die man im Laufe des viersemestrigen Grundstudiums relativ leicht erwerben kann.

Dazu kommen zwei bis drei benotete Scheine in beiden Nebenfächern. In den vier Semestern des Grundstudiums müssen also etwa acht Leistungsnachweise erbracht werden.

Zwischenprüfung

Das Grundstudium wird in den meisten Seminaren mit einer Zwischenprüfung abgeschlossen. Diese besteht in der Regel aus einer mündlichen, mancherorts auch aus einer schriftlichen Prüfung, in der ein Überblick über den grundsätzlichen Stoff, Objekte und Epochen geprüft wird. Grundsätzliche Materialklassen der Klassischen Archäologie sind z. B. die griechische und römische Skulptur, antike Porträts, griechische Vasen und ihre Bemalung, antike Wandmalerei, Mosaiken und die griechische und römische Architektur, und zwar Tempel ebenso wie Funktionsbauten und private Wohnhäuser. Von zentraler Bedeutung ist diejenige Forschungsrichtung, die diese Materialklassen zusammenführt, die antike Topographie, also die Kunde von den Örtlichkeiten der alten Welt. Sie beschäftigt sich mit der antiken Geographie im globalen Sinn ebenso wie mit der Analyse einzelner Städte, Dörfer und Landschaften. In diesem Rahmen gehört auch die in letzter Zeit besonders wichtig gewordene Urbanistik der antiken Städte.

Zwischenprüfungen werden in Haupt- und Nebenfächern abgelegt, wenigstens jedoch im Haupt- und im ersten Nebenfach. Man kann sie zeitversetzt auf mehrere Semester verteilen.

Hauptstudium

Das Hauptstudium, das nach der Zwischenprüfung beginnt, dauert ebenfalls vier Semester. Darin besuchen die Studierenden als Schwerpunkt die Hauptseminare ihrer Haupt- und Nebenfächer. Diese Veranstaltungen geben Gelegenheit, sich aktiv bei der Vorbereitung eines Seminars oder einer schriftlichen Arbeit in ein komplexes Thema des jeweiligen Fachs einzuarbeiten. Die Anforderungen sind etwa mit denen des Grundstudiums identisch. Man muss im Allgemeinen vier Hauptseminare im Hauptfach mit einem benoteten Schein abschließen und zwei in jedem Nebenfach. Die zu bearbeitenden Themen sind aber natürlich anspruchsvoller.

Die modernen Wissenschaftssprachen

Neben den antiken Sprachen muss man auch diejenigen modernen Sprachen zumindest lesen können, in denen die Archäologen der verschiedenen Nationen schreiben. In den Hauptseminaren kann es vorkommen, dass die Literatur für das Referat eines Semesters ausschließlich auf Französisch und Italienisch geschrieben ist. Englisch wird ja von allen Studenten in ausreichendem Umfang von der Schule mitgebracht. Ein kurzes Nachschlagen der Fachbegriffe erlaubt es daher schon den Proseminaristen, die Texte englischer Autoren zu verstehen. Weniger gut sieht es bei den Abiturienten meist jedoch mit Französisch aus. Wichtige archäologische Weltsprachen sind überdies das Italienische, für die Klassischen Archäologen auch das Neugriechische. Zudem können je nachdem, in welchem Teilbereich man sich zu einer Abschlussarbeit entschließt, weitere Sprachen wichtig werden, z. B. Türkisch, Spanisch oder Russisch.

Die modernen Fremdsprachen müssen im Laufe des Hauptstudiums ebenfalls gelernt werden. Dazu bieten die Universitäten in jedem Semester Sprachkurse verschiedener Schwierigkeitsstufen bis hin zu Lektürekursen an. Auch ein Sprachkurs im jeweiligen Land während der Semesterferien kann von großem Nutzen sein.

Von schlanken Studienordnungen und der Notwendigkeit des Selbststudiums

Die Anforderungen an benoteten Leistungsscheinen sind im Laufe eines Studiums der Klassischen Archäologie und der meisten anderen Archäologien also nicht besonders hoch. Diese Fächer können anders als z. B. Medizin oder Jura nicht als typische Lernfächer gelten. Und selbst die Klassischen Philologien haben deutlich höhere Anforderungen. Daran wird deutlich, dass die archäologischen Studienordnungen geradezu als ‹schlank› bezeichnet werden können. Das verlangt den Studierenden freilich eine weitere Besonderheit ab, nämlich das Selbststudium.

Die archäologischen Seminare und Institute sind im Allgemeinen, was die Zahl der Dozenten angeht, recht klein. Im Schnitt verfügen sie etwa über vier wissenschaftliche Mitarbeiter, typischerweise einen, maximal zwei Professoren, einen Kustos etwaiger Sammlungen sowie einen, maximal zwei wissenschaftliche Assistenten. Es liegt an dieser geringen Zahl der Dozenten, dass nicht alle Unterabteilungen und Spezialgebiete des Fachs an jedem Seminar vollständig in der Lehre angeboten werden können. Auch die Zahl der Pflichtseminare reicht nicht aus, um in alle Bereiche auch nur hineinzuschnuppern.

Die Folge davon ist, dass von den Studierenden ein gewisses, in seiner Bedeutung freilich nicht zu überschätzendes Maß an Selbststudium erwartet wird. Dies kann in verschiedener Art und Weise erfolgen, vor allem natürlich durch weiterführende Lektüre der archäologischen Literatur in den Seminarbibliotheken, außerdem durch Museums- und Ausstellungsbesuche sowie nicht zuletzt durch eigenständiges wissenschaftliches Reisen in den Semesterferien.

Außerdem kann man in verschiedenster Hinsicht eigene Schwerpunkte setzen und Zusatzqualifikationen erwerben. Viele Museen nehmen Studierende ihrer Fächer in den Semesterferien als Praktikanten auf. Bodendenkmalämter bieten Studierenden die Möglichkeit, an Ausgrabungen teilzunehmen, oftmals nicht weit von den Studienorten entfernt. Auch manche Restaurierungswerkstätten und selbst Zeitungsredaktionen bieten solche Möglichkeiten. Das weiteste Feld, in dem man heute durch eigene Erfahrungen lernt und das für Quereinsteiger offen steht, sind freilich die neuen Medien, auf die noch in anderem Zusammenhang eingegangen werden soll.

Die Erwartung, dass die Studierenden ihre Kenntnisse durch Selbststudium und Aktivitäten außerhalb der Studienordnungen abrunden, ist überhaupt kein Grund, den Universitäten Unvollständigkeit ihrer Lehre vorzuwerfen. Vielmehr ist dies eine völlig selbstverständliche Erwartung an jeden engagierten Studierenden. Zudem lehrt die Erfahrung, dass es oftmals gerade die eigenständig erworbenen Zusatzqualifikationen sind, die den Absolventen später auf dem Arbeitsmarkt zum Erfolg verhelfen.

Studienabschluss: Magister

Der erste Studienabschluss, den man an allen Universitäten in den Archäologien erwerben kann, ist der Magister Artium (M.A.). Man kann ihn in der Regel nach einem achtsemestrigen Studium ablegen. In der Magisterprüfung sollen noch keine eigenständigen wissenschaftlichen Leistungen erbracht, sondern es sollen begrenzte Probleme mit den Mitteln, die die Literatur zur Verfügung stellt, differenziert dargestellt und für eine Lösung vorbereitet werden. Als konkrete Prüfungsleistungen müssen eine Hausarbeit in sechs Monaten und mündliche Prüfungen in Haupt- und Nebenfächern abgelegt werden, mancherorts zusätzlich auch Klausuren.

Bis vor etwa zehn Jahren war es in den geisteswissenschaftlichen Fächern üblich, die Promotion zum Dr. phil. als ersten Abschluss anzustreben. Die betroffenen Fächer standen der Einführung des Magisters daher zunächst ablehnend gegenüber. Es hat sich jedoch herausgestellt, dass die Studierenden selbst es meist begrüßen, ein Examen zwischen der – oft viele Jahre auseinander liegenden – Zwischenprüfung und dem Doktorexamen einzuschieben. Daher wird der Magister inzwischen fast überall als erster regelmäßiger Abschluss durchgeführt, unabhängig davon, ob er als solcher durch das Landeshochschulgesetz vorgeschrieben ist oder nicht.

Der Magister gilt als erster berufsqualifizierender Abschluss eines Archäologiestudiums. Allerdings eröffnet er meist nur die theoretische Möglichkeit, tatsächlich eine berufliche Tätigkeit in der Archäologie aufzunehmen. Eine 1997 durchgeführte Umfrage unter den Klassischen, Christlichen und Vorderasiatischen Archäologen hat ergeben, dass von den 231 Absolventen, die zwischen 1975 und 1995 ihr Studium mit dem Magister beendet haben, nicht einmal zehn Prozent eine Anstellung in der Archäologie gefunden haben und sogar nur 3,5 Prozent eine feste Anstellung.

Betrachtet man jedoch die Arbeitslosigkeit in dieser Gruppe, die ebenfalls anlässlich dieser Umfrage ermittelt wurde, dann stellt man im Vergleich zu den gegenwärtigen Arbeitslosenzahlen in der Gesamtbevölkerung mit lediglich 3,5 Prozent eine deutlich unterdurchschnittliche Quote fest. Nach Fort-, Um- und Weiterbildungen oder durch Zweitstudien und -ausbildungen sind die genannten Magisterabsolventen u. a. in folgenden Bereichen tätig:

Bibliotheken, Fotografie, Restaurierung, Kulturmanagement, Tourismus, Verlagswesen, öffentliche Verwaltung, sonstige freie Wirtschaft (u. a. Fluggesellschaften, Banken, Computerbranche). Dabei handelt es sich oft um unbefristete, machmal auch um freiberufliche oder selbständige Tätigkeiten.

Studienabschluss: Promotion

Eine reelle Chance für eine dauerhafte wissenschaftliche Tätigkeit innerhalb der Archäologie eröffnet erst die Promotion zum Dr. phil. Dazu muss eine umfangreichere Arbeit angefertigt werden, die anders als die Magisterarbeit bereits als eigenständige, wissenschaftliche Leistung des Absolventen bestehen können muss. Sie soll daher ein gehaltvoller Beitrag zur archäologischen Forschung sein. Darin wird auch neues, bisher unveröffentlichtes Material vorgelegt und diskutiert. Daher sind Aufenthalte in den Museen oder an den Grabungsplätzen der an Antiken reichen Länder des Mittelmeerraums erforderlich.

Studiendauer

Die Anfertigung der Dissertation sollte im Allgemeinen nicht länger als zwei bis drei Jahre dauern. Dieser Zeitraum wurde in den zurückliegenden Jahren manchmal allzu sehr ausgedehnt, doch hat sich in der letzten Zeit eine günstigere Handhabung mit präziseren Themenstellungen und folglich einer kürzeren Studiendauer entwickelt. Der Promotionsstudiengang sollte also in etwa zehn Semestern zum Magister und anschließend in etwa vier bis sechs Semestern zur Doktorprüfung (Rigorosum) führen. Insgesamt wird man also 14 bis 16 Semester veranschlagen müssen.

Allerdings darf man nicht erwarten, dass man in einem Archäologiestudium von einem festen Curriculum durch das Studium geleitet und gewissermaßen automatisch zu den genannten Abschlüssen geführt würde. Der geschilderte Studienablauf und besonders die genannte Studiendauer gehen von einem erheblichen Maß an eigenem Engagement der Studierenden aus. Allerdings dürften in den Hochschulgesetzen der Länder zunehmend Sanktionen für so genannte Langzeitstudenten vorgesehen werden. Das können z. B.

Semestergebühren sein, die ab einem bestimmten Semester erhoben werden. Daher sind auch die Dozenten angehalten, vor allem bei der Themenstellung für die Abschlussarbeiten zunehmend auf einen Umfang zu achten, der in einem sinnvollen Zeitrahmen bewältigt werden kann.

Promotionsstipendien und Doktorandenkollegien

Ein Problem für die Studenten der archäologischen Fächer stellt in der Regel die Finanzierung eines Promotionsstudiengangs dar. Die Länder sowie kirchliche und Parteienstiftungen vergeben Promotionstipendien. Deren Zahl geht freilich in letzter Zeit eher zurück. Daneben sind jüngst an verschiedenen Universitäten so genannte Doktorandenkollegien eingerichtet worden. Diese von der Deutschen Forschungs Gemeinschaft (DFG) finanzierten Programme haben den Zweck, Doktoranden verschiedener Fächer zusammenzuführen und in gemeinsamen Lehrveranstaltungen ins fächerübergreifende Gespräch zu bringen.

Dadurch ist ein ganz neuer Typ eines Promotionsstudiums entstanden, zumal die Doktoranden bisher meist einsam in ihren Studierstuben vor sich hin forschten und – wenn überhaupt – nur zu wenigen Doktorandenkolloquien Bericht erstatten mussten. Allerdings sind diese Doktorandenkollegien thematisch festgelegt. Das bedeutet, dass die Teilnehmer mit den Themen ihrer Arbeiten in den Zeitraum oder die Fragestellung des Kollegs passen müssen. Daraus kann das Problem entstehen, dass die Vielfalt der bearbeiteten Dissertationsthemen nachhaltig eingeschränkt wird. Allerdings haben sich manche Kollegien so allgemeine Themen gestellt, dass darin auch entsprechend disparate Arbeiten aufgenommen werden können.

Archäologie als Nebenfach

Die Archäologien können natürlich auch als Nebenfächer im Rahmen der Magister- und Promotionsstudiengänge gewählt werden. Vor allem für die Hauptfachstudenten in Kunstgeschichte, Alter Geschichte, Ur- und Frühgeschichte und zunehmend auch in anderen Hauptfächern wie allgemeine Geschichte, Germanistik, Philosophie usw. können die Archäologien als Nebenfächer studiert werden.

Was das Nebenfach Klassische Archäologie angeht, sind die Studienanforderungen in der Regel gegenüber denen des Hauptfachs etwa halbiert. Im Grundstudium müssen in Proseminaren zwei, mancherorts auch drei Scheine erworben werden, im Hauptstudium in den Hauptseminaren zumeist zwei Scheine. Im Allgemeinen sollen die Nebenfachstudenten auch an Exkursionen teilnehmen. Allerdings gibt es in der Regel keine Sprachanforderungen für Nebenfachstudenten, die über diejenigen ihres jeweiligen Hauptfachs hinausgehen. Das bedeutet, dass Nebenfachstudenten der Klassischen Archäologie nicht Griechisch lernen müssen und Latein nur in dem Umfang, der von der Studienordnung des jeweiligen Hauptfachs verlangt wird.

In der Magisterprüfung werden die Nebenfächer meist durch etwa halbstündige mündliche Prüfungen abgeschlossen, manchmal zusätzlich durch eine Klausur.

Neuartige Studiengänge: Master und Bachelor

Neben den traditionellen Studiengängen, Magister und Promotion, dürften sich in nächster Zeit weitere Studienangebote entwickeln. Es sind vor allem Abschlüsse mit den aus dem angelsächsischen Bereich bekannten Namen «Master» und «Bachelor» im Gespräch. Anstöße in diese Richtungen kommen aus dem politischen Bereich durch neue Bundes- und Landeshochschulgesetze.

Allerdings ist bisher nicht klar, wie derartige Abschlüsse auf dem Arbeitsmarkt angenommen werden und welche Chancen sie den Absolventen eröffnen. Man hat sogar den Eindruck, als wenn die bisher in den Universitäten begonnenen Initiativen teilweise dem Ziel dienten, rückläufige Studentenzahlen zu heben. Wichtig an diesen neu konzipierten Studiengängen ist, dass meist keine oder stark verringerte Sprachanforderungen gestellt werden. Dadurch wird ein weniger in die Tiefe als in die Breite gehender Einstieg in die antike Zivilisation möglich.

Teilweise handelt es sich auch einfach um neu konzipierte Nebenfächer im Magisterstudium, für die keine oder verringerte Sprachanforderungen gelten. Derartige Initiativen sind bisher u. a.

an den Universitäten in Dresden, Gießen, Greifswald und Leipzig ins Leben gerufen worden.

Grundsätzlich zeigen Beispiele aus dem englischsprachigen Bereich, dass eine Art kulturgeschichtlichen Grundstudiums der antiken Zivilisationen durchaus als Einstieg in Fortbildungen für verschiedenste Bereiche der freien Wirtschaft geeignet ist. Es muss sich freilich noch zeigen, ob Master- oder Bachelor-Examen den Absolventen bessere Voraussetzungen zum Quereinstieg in Berufsfelder außerhalb der Wissenschaften eröffnen können als ein zügig und mit gutem Erfolg absolvierter Magisterstudiengang.

Organisationsstrukturen in den Universitäten: Informationsangebote

Wenn man die Organisation der meisten Universitäten betrachtet, dann kann man sagen, dass eigentlich die kleinste Einheit die stärkste ist, nämlich die Institute und Seminare. Sie verfügen über die finanziellen Mittel, mit denen Bücher, Geräte und andere Ausstattung gekauft wird. Die Personalmittel werden zwar meist von den Ministerien oder zunehmend von den Universitätsleitungen vergeben, doch wird die Arbeit der wissenschaftlichen Bediensteten von den Instituten und Seminaren organisiert und überwacht.

Dort nehmen die Studierenden auch ihre Studienleistungen entgegen. Die Seminare und Institute bieten die Lehrveranstaltungen an, die fachspezifische Studienberatung durch Wissenschaftler des jeweiligen Fachs, und in diesem Zusammenhang vergeben die Dozenten Scheine und Leistungsnachweise und nehmen Prüfungen ab.

Die Seminare und Institute sind zu Fakultäten oder Fachbereichen zusammengefasst. Traditionell gehören die Archäologien und ihre Nachbarfächer zur Philosophischen Fakultät. An einigen Universitäten ist diese alte, große Institution allerdings in kleinere Fachbereiche aufgelöst worden, in denen meist die Philologien, die Geschichte sowie die Bild- und Objektwissenschaften zusammengefasst sind. Die Vor- und Nachteile der großen bzw. der kleinen Fakultäten werden zuweilen fast emotional diskutiert. Bei nüchterner Betrachtung fällt es freilich schwer, der einen oder der anderen Form den Vorzug zu geben.

Die laufenden Bestrebungen, die Hochschulen zu reformieren, haben in letzter Zeit zu einer deutlichen Steigerung der Bedeutung der Fakultäten geführt. Die Universitäten bekommen sukzessive größere Autonomie vor allem über ihre Finanzen. Bisher ist es nicht möglich, eingesparte Gelder z. B. aus einer kurzfristig unbesetzten Stelle anderweitig etwa für Bücher oder EDV-Geräte auszugeben, sondern sie fallen einfach weg bzw. werden eingespart. Die Idee der neuen Globalhaushalte ist nun, es jeder einzelnen Institution zu überlassen, die ihr zugewiesenen Gelder frei für Sach- oder Personalausgaben zu verwenden. Dadurch wird die Verteilung der Gelder innerhalb der Universitäten teilweise von der Ebene des Uni-Präsidenten auf die der Fakultäten verlagert. Die bestehenden Strukturen werden auf diese Weise nicht selten überfordert werden, sodass ein natürlicher Druck entsteht, sie zu reformieren.

Bisher werden die Fakultäten und Fachbereiche nämlich von gewählten Dekanen verwaltet. Das sind Professoren, die für ein, maximal zwei Jahre die Leitung einer Fakultät übernehmen und dafür teilweise von ihren Aufgaben in den Instituten, vor allem von der Lehre, freigestellt werden. Sie sind natürlich weder für eine solche Verwaltungsfunktion vorgebildet, noch handelt es sich um eine Konstruktion, die es erlaubt, etwa notwendige unpopuläre Entscheidungen zu fällen. Denn nach dem Ende der jeweiligen Amtsperiode kehrt jeder Dekan in den Kreis seiner Professorenkollegen zurück.

Daher ist künftig mit Veränderungen in der Leitung der Fakultäten zu rechnen. Eine gewisse Professionalisierung hat bereits durch die vielerorts üblichen Dekanatsräte eingesetzt. Dabei handelt es sich um fest angestellte Verwaltungsleute, die oft aus einem wissenschaftlichen Hintergrund stammen. Sie gehen den häufig wechselnden Dekanen professionell zur Hand.

Die Fakultätsleitung wird durch den gewählten Fachbereichsrat kontrolliert. Darin sind die der Universität angehörenden Gruppen vertreten, also die Professoren, der wissenschaftliche Mittelbau, die nichtwissenschaftlichen Mitarbeiter und die Studierenden. Nach früheren Versuchen mit einer gleichgewichtigen Vertretung der verschiedenen Gruppen (‹Drittelparität›) sind die Fakultätsräte heute meist mehrheitlich mit Professoren besetzt.

Den Fakultäten sind auch die Prüfungsämter zugeordnet. In Universitäten mit kleinen Fachbereichen fungieren die Prüfungsämter sogar als das einigende Band, das die Fächer der alten Philosophischen Fakultät auch weiterhin verbindet. Bei den Prüfungsämtern können sich die Studierenden über Prüfungsordnungen erkundigen, hier müssen sie auch ihre Prüfungsvorleistungen kontrollieren lassen und ihre Abschlussarbeiten einreichen.

Oberhalb der Fakultäten und Fachbereiche gibt es die zentrale Verwaltung meist mit dem Kanzler und dem Rektor oder Präsidenten an der Spitze. Der Präsident ist der Vorgesetzte der Professoren. Er verhandelt mit ihnen über die Modalitäten ihrer Einstellung und die ihnen jeweils zugewiesenen Sach- und Personalmittel. Der Kanzler muss in erster Linie die Vorgaben des Präsidenten und der anderen Gremien nach den Regeln der öffentlichen Verwaltung ausführen, wobei natürlich ein nicht zu unterschätzender Gestaltungsspielraum bleibt.

Die Spitze der Universität wird durch das Konzil und vor allem durch den Senat kontrolliert, in den die Gruppen der Fakultäten, darunter die Studierenden, delegierte Senatoren entsenden. Auch hier stellen die Professoren meist die größte Gruppe der Delegierten.

Die Studierenden werden außer in den gruppenübergreifenden Gremien durch ein eigenständiges Studentenparlament vertreten, das wiederum den Allgemeinen Studentenausschuss (AStA) oder Studentenrat (StuRa) wählt. Auf der Ebene der Institute und Seminare wählen die Studierenden zusätzlich ihre Fachschaften. Bei den Fachschaftsvertretern der Studierenden findet man zu Beginn des Studiums wichtige Hinweise, die von älteren Studierenden ganz direkt aus ihrer Praxis heraus gegeben werden. Viele Fachschaften veranstalten zu Beginn der Semester Partys oder informative Kaffeenachmittage für die neu angekommenen Kommilitonen.

Wichtige, offizielle Informationsangebote und Anlaufstellen gibt es auf allen genannten Ebenen. Den ersten Kontakt mit der Universität haben die Studierenden bei der Immatrikulation, für die das zentrale Studentensekretariat zuständig ist. Dort erhält man auch genaue Angaben über die dafür notwendigen Unterlagen sowie die Termine.

Außerdem unterhält die Zentralverwaltung eine Abteilung für Ausbildungsförderung (BAföG), in der man sich erkundigen kann, ob und in welcher Höhe man Anspruch auf staatliche Leistungen hat.

Die Zentralverwaltung bietet auch eine zentrale Studienberatung an. Dort erhält man allgemeines Informationsmaterial und Studienordnungen, die meist theoretisch den Studiengang erklären. Informationen über die Studienpraxis, die Tricks und Kniffe erhält man dagegen in der fachspezifischen Studienberatung, die die jeweiligen Seminare und Institute anbieten. Sie wird oft von den Wissenschaftlichen Assistenten, nicht selten aber auch von den Professoren in den Seminaren und Instituten abgehalten. Man erkundige sich dazu nach den Terminen. Oft kann man auch einen Termin absprechen.

Die Studienberatung gehört zu den Aufgaben der Universitäten, die durch die Hochschulgesetze des Bundes und der Länder festgelegt sind. Gerade die Novelle des Hochschulrahmengesetzes, das die Bundesregierung noch vor der letzten Bundestagswahl eingebracht hatte, betont diesen Aspekt mit besonderem Nachdruck. Zwar wurde dieser Gesetzentwurf nicht mehr verabschiedet, doch dürfte die Tendenz auch künftig in diese Richtung gehen. Demnach hat jeder Student ein Anrecht auf Studienberatung. Sie soll zunehmend nicht nur am Anfang oder vor den Prüfungen stattfinden, sondern verstärkt studienbegleitend.

Organisation der archäologischen Fächer zwischen den Universitäten: weitere Informationsangebote

Die archäologischen Fächer haben auch zwischen den Universitäten Strukturen entwickelt, die für die Studierenden hilfreich sind. Die wichtigste Institution in Deutschland ist wohl der Deutsche Archäologen Verband (DArV). Er vertritt vor allem die Klassischen Archäologen, zudem viele Christliche und Vorderasiatische Archäologen. Er steht auch für Ur- und Frühgeschichtler offen, doch haben die Angehörigen dieses Fachs eigene Strukturen entwickelt.

Mitglieder sind nicht nur fertige Archäologen, sondern auch viele Studierende des Fachs.

Der DArV nimmt eine Reihe von wichtigen Aufgaben als Informationsgeber wahr. Vor allem gibt er zweimal im Jahr, für jedes Semester, ein Vorlesungsverzeichnis für die archäologischen Fächer an allen deutschsprachigen Universitäten Deutschlands, Österreichs und der Schweiz heraus. Einmal im Jahr wird eine Liste der laufenden Doktor- und Magisterarbeiten der Klassischen Archäologen herausgegeben, die gerade für die Studierenden wichtig ist, um Themenüberschneidungen zu vermeiden. Schließlich geben die Veröffentlichungen, die der DArV an seine Mitglieder verschickt, Raum für die Diskussion allgemeiner Themen des Fachs, der Museen, der universitären Lehre, des Arbeitsmarkts usw. Die Tendenz geht dahin, in diesen wichtigen und informativen Listen außer der Klassischen Archäologie auch die Ur- und Frühgeschichte und die anderen Archäologien zu berücksichtigen.

Für die Ur- und Frühgeschichte gibt das Bonner Seminar eine vergleichbare Sammlung unter dem schlichten Titel «Zusammenstellung» heraus. Sie erscheint zweimal jährlich und informiert über die Lehrveranstaltungen an den Universitäten Deutschlands, Österreichs und der Schweiz ebenso wie über in Arbeit befindliche und abgeschlossene Magisterarbeiten und Dissertationen. Man kann diese Zusammenstellung über die Anschrift des Seminars für Ur- und Frühgeschichte an der Universität Bonn (siehe Anhang) beziehen. Hier werden auch Ägyptologie und Vorderasiatische Archäologie berücksichtigt. Wenn man die Verzeichnisse des Deutschen Archäologen Verbandes und diese «Zusammenstellung» nebeneinander benutzt, dann wird man einen nahezu vollständigen Überblick über die verschiedenen Archäologien in den deutschsprachigen Ländern erhalten.

Außerdem gibt es einige weitere Berufsverbände, die für angehende Studierende von unterschiedlicher Wichtigkeit sind. Die Mommsengesellschaft fasst die drei klassischen Altertumswissenschaften zusammen, Lateinische und Griechische Philologie, Alte Geschichte und Klassische Archäologie. Dieser Verband vertritt jedoch vor allem die Interessen der Wissenschaftler aus diesen Fächern. Allerdings gibt er seit einiger Zeit ebenfalls eine Liste der Arbeitsvorhaben heraus.

Die Ur- und Frühgeschichtler sind in Deutschland, Österreich und der Schweiz in Gesellschaften zusammengeschlossen (DGUF, ÖGUF und SGUF), die unterschiedliche Informationsangebote und Internetseiten bieten (siehe Anhang). Überdies gibt es den Schweizer Archäologenverband, in Deutschland schließlich noch einen Verband Christlicher Archäologen.

3. Gegenstände und Methoden der Klassischen Archäologie

Die großen, traditionellen Gebiete der Klassischen Archäologie sind von alters her die griechische und die römische Archäologie. Die griechischen und römischen sind bekanntlich diejenigen Kulturen, die die Geschichte der antiken Mittelmeerwelt entscheidend bestimmt haben. In Europa galten sie bis vor gar nicht langer Zeit als paradigmatisch, als vorbildhaft und exemplarisch. Man hat die Kunst- und Kulturgeschichte Europas sogar als eine Folge von Renaissancen gedeutet, also von Wiederaufnahmen der und Rückbesinnungen auf die Antike. Spätestens seit dem 18. Jahrhundert hat die Beschäftigung mit der Antike wissenschaftlichen Charakter angenommen. Doch ist klar, dass dies gar nicht möglich gewesen wäre, wenn die antiken Kulturen nicht als beispielhaft angesehen worden wären.

Heute haben wir uns angewöhnt, die Griechen und Römer als das «Nächste Fremde» zu betrachten, das heißt, sie sind uns zugleich nah und fern. Dadurch wird es möglich, sie aus der Distanz von einem kulturgeschichtlichen Standpunkt aus zu betrachten.

Die Griechen, die Römer und ihre Nachbarn

Aber natürlich waren Griechen und Römer in dem weiten Raum zwischen der Straße von Gibraltar und der syrischen Wüste nicht allein. Vielmehr standen die Griechen wie die Römer in einem regen Austausch mit ihren Nachbarvölkern. Die frühen Griechen haben intensiv kulturelle Anregungen aus dem ihnen kulturell überlegenen Orient bezogen. Vor allem die Phönizier sind hier zu nennen, ein Volk von mutigen Seefahrern, die von ihren Städten an den Küsten des heutigen Libanon aus das ganze Mittelmeer befahren haben bis nach Sizilien, Tunesien, Sardinien und Spanien. Von ihnen haben die Griechen ihr Alphabet gelernt. Auch die uralte, hoch entwickelte Kultur Ägyptens und diejenige Anatoliens und Mesopotamiens waren für die Griechen in verschiedener Hinsicht anregend und vorbildhaft.

Aber nicht nur in ihren Anfängen haben die Griechen von den Kontakten mit dem Orient profitiert. Im 6. Jahrhundert v. Chr. dienten der Reichtum und die verfeinerte Kultur der Perser, die ein gewaltiges Reich in Kleinasien und in Mesopotamien erobert hatten, der Oberschicht der griechischen Städte als Vorbild. Wenig später jedoch kam es zur großen militärischen Auseinandersetzung, aus der die Koalition kleiner und kleinster griechischer Städte unter der Führung Athens überraschenderweise in den Schlachten von Marathon (490 v. Chr.) und Salamis (480 v. Chr.) als Sieger über das persische Weltreich hervorging. So gelang es den Griechen, ihre Unabhängigkeit gegenüber den imperialistischen Bestrebungen der Perser zu wahren.

Besonders prägend wurden die Beziehungen der Griechen zu ihren Nachbarn in der Epoche des Hellenismus. Die Eroberungen Alexanders d. Gr., durch die das Perserreich zerschlagen und unter verschiedene makedonische, also letztlich griechische Fürstenfamilien aufgeteilt worden war, veränderte die Kulturen Asiens und Ägyptens in tief greifender Weise. Sie wurden von einer deutlich erkennbaren, lokal freilich verschieden ausgeprägten griechischen Kulturschicht überlagert. Dieser Vorgang hat wiederum auf Griechenland selbst zurückgewirkt und seine Kultur grundlegend verändert.

Das Verhältnis der Römer zu ihren Nachbarn ist anders, denn sie tendierten dazu, gegen ihre Nachbarn Krieg zu führen. Und meist gelang es ihnen auch, sie zu besiegen. Dann jedoch verlieh man den Unterlegenen oft das römische Bürgerrecht und nahm sie auf diese Weise beinahe gleichberechtigt in den römischen Staat auf. Vor allem in der westlichen Hälfte des Römischen Reichs, in Gallien und Spanien, in Nordafrika, Britannien und Germanien war auch die römische Lebensweise für die lokale Einwohnerschaft oder zumindest für ihre Eliten attraktiv. Wenn sie einmal militärisch besiegt waren, dann nahmen sie nach einigen Generationen oft nicht ungern römische Lebensgewohnheiten an. Allerdings gibt es regionale Eigenarten, die gleichwohl beibehalten wurden, z. B. bestimmte traditionelle Kleidungsstücke. Dadurch sind lokale Spielarten der römischen Kultur entstanden, die ebenfalls ein Produkt dieser eigenartigen Wechselwirkung zwischen den Römern und ihren unterworfenen Nachbarn waren.

Die Archäologen haben sich in der jüngeren Zeit gerade dieser Wechselwirkung zwischen den zentralen Kulturen der antiken Welt und den an der Peripherie liegenden ‹Randkulturen› zunehmend gewidmet. Das wurde besonders bei dem internationalen Kongress der Klassischen Archäologen deutlich, der 1988 in Berlin stattgefunden hat.

Dort kam eine Öffnung des Blicks zum Ausdruck. Zuvor war man vor allem an den zentralen antiken Kulturen der Griechen und Römer interessiert, die man als die ‹klassischen Kulturen› betrachtete. Das Interesse am Umfeld wertet die Nachbarkulturen auf und zeigt die Zentren der Mittelmeerwelt in ihren Bedingtheiten und Abhängigkeiten. Das Bild, das man sich von den Griechen und Römern macht, wird komplexer, zugleich aber vollständiger, konkreter und realistischer. Die klassischen Kulturen treten nicht mehr als Monolithe in Erscheinung, deren Studium sich allein um ihrer selbst willen lohnte, sondern sie werden in ihrem geschichtlichen und kulturellen Zusammenhang gesehen.

Die Gattungen

Plastik

Die Gegenstände, mit denen sich die Klassischen Archäologen beschäftigen, gehören verschiedenen Materialklassen – ‹Gattungen› – an. Einen zentralen Stellenwert hatte von jeher die Skulptur oder Plastik. Sie ist zahlreich überliefert und prägt bis heute das moderne Bild von der antiken Kunstproduktion.

Die griechisch-römische Antike stellte in ihren Statuen oft, wenn auch nicht ausschließlich Götter und Heroen dar. Sie wurden als Votivgaben von einzelnen Stiftern oder Städten in Tempeln und Heiligtümern aufgestellt. Berühmt waren die großen Kultstatuen in den wichtigsten Tempeln, vor allem die Statuen der Athena im Parthenon auf der Akropolis von Athen (Abb. 7) und diejenige des Zeus in Olympia. Beide Statuen waren in der zweiten Hälfte des

Abb. 7: Athena Parthenos: Die 13 m hohe Kultstatue wurde von dem Bildhauer Phidias im 5. Jahrhundert v. Chr. aus Gold und Elfenbein hergestellt. Eine Nachbildung in Originalgröße, aber aus weniger teuren Materialien wurde unter Anleitung von Archäologen in Nashville im US-Bundesstaat Tennessee realisiert.

5. Jahrhunderts v. Chr. von dem Bildhauer Phidias aus Gold und Elfenbein gefertigt worden und erreichten kolossale Größe. Die Statue der Athena war 13 Meter hoch. Da diese wertvollen Materialien anderweitig wieder verwendet werden konnten, haben sich nur kleinformatige Kopien, Nachbildungen und minimale Fragmente von Gussformen erhalten.

Abb. 8 a: Athena Lemnia: eine weitere Skulptur des Phidias. Das Original aus Bronze stand in Athen auf der Akropolis. Es ist verloren. Erhalten geblieben sind jedoch mehrere Marmorkopien aus der römischen Kaiserzeit. Sie stehen heute in der nackten Farbe des Marmors, also weiß, vor uns, wie die Kopie im Albertinum in Dresden.

Die meisten Statuen jedoch waren aus Bronze und aus Marmor. Auch Bronze konnte wieder verwendet werden; daher sind nach der Antike zahllose Statuen aus diesem Material eingeschmolzen worden. Der größte Teil der erhaltenen Figuren besteht aber aus Marmor. Sie waren nicht weiß, wie sie uns heute meist erscheinen, sondern farbig gefasst. In den letzten Jahren sind raffinierte optische Verfahren entwickelt worden, die kleinste Spuren von Farbe auf Marmor sichtbar machen können (Abb. 29 a, b).

In der Antikenabteilung des Museums in Kassel Wilhelmshöhe ist kürzlich eine Rekonstruktion der farblichen Fassung der Athena

Abb. 8b: Athena Lemnia: eine Rekonstruktion. Die Statue aus Gips wurde im Museum in Kassel Wilhelmshöhe hergestellt und unter Leitung von P. Gercke koloriert. Sie zeigt die antike Farbigkeit: Gesicht, Dekolleté und Arme sind in heller Hautfarbe gehalten, das Haar blond, das Gewand gelb, die Ägis (Schuppentuch mit Schlangensaum) und die Haarbinde grün, der Helm golden.

Lemnia des Bildhauers Phidias realisiert worden. Die Fotos machen deutlich, wie verschieden der Eindruck der farbigen Statue (Abb. 8 b) von dem der weißen Marmorkörper war (Abb. 8 a), die wir heute in den Museen finden.

Die farbige Fassung der Athena Lemnia gehört allerdings nicht in die Entstehungszeit der Statue im 5. Jahrhundert v. Chr., sondern in die römische Kaiserzeit. Das Original nämlich bestand aus Bronze. Auch die Bronze erlaubte verschiedene farbige Effekte, sie wurde sogar bemalt. Die Fassung, die in Abbildung 8 b gezeigt wird, ist jedoch diejenige einer Kopie der originalen Athena Lemnia aus der römischen Kaiserzeit.

Dieser Umstand weist darauf hin, dass von den berühmten griechischen Skulpturen, von denen die antiken Texte berichten, in den meisten Fällen nicht die Originale, sondern kaiserzeitliche Kopien überliefert sind. Ein wechselseitiger Vergleich der Kopien erlaubt es, einen möglichst genauen Eindruck von dem oft mehrere Jahrhunderte älteren Vorbild zu gewinnen. Diese Technik wird als «Kopienrezension» bezeichnet.

Die Kopien sind oft von hervorragender technischer Qualität. Sie wurden nach Gipsabgüssen der Originale und mittels mechanischer Vervielfältigungsverfahren hergestellt. Daher ist die Tatsache, dass es sich nicht um die Originale handelt, keinesfalls als Manko zu betrachten. Vielmehr ist die Wiederholung gleicher Vorbilder und das Serielle, das darin zum Ausdruck kommt, ein wesentlicher Zug der römischen Kunst.

Die Kopien reagierten auf eine spezifische Nachfrage auf dem römischen Kunstmarkt. Die berühmten Werke der griechischen Skulptur wurden in öffentlichem und privatem Ambiente (Abb. 11) als Ausdruck von Bildung und zur Formulierung ganz verschiedenartiger, teils sehr persönlicher Aussagen verwendet.

Antike Porträts: Potentaten, Dichter, Philosophen

Auch verstorbene und sogar lebende Menschen konnten mit Statuen geehrt werden. Damit ist das in der Antike sehr verbreitete Phänomen des Porträts angesprochen. Sie stellen die Abgebildeten meist nicht realistisch in ihrer unverwechselbaren Individualität dar, sondern idealisieren sie entsprechend geltenden gesellschaftlichen oder gruppenspezifischen Konventionen. Das ist besonders bei den Bildnissen der Herrscher gut zu beobachten. So wurde der Kaiser Augustus auch noch im hohen Alter stets jugendlich dargestellt (Abb. 9). Daher kann das Porträt als gesellschaftliches Phänomen untersucht werden.

Interessant ist die Frage, welche Mitglieder einer Gesellschaft unter sich verändernden sozialen Verhältnissen jeweils mit einer Statue geehrt wurden. Im öffentlichen Raum, z. B. auf den zentralen Plätzen der Städte, brauchte man nämlich für die Aufstellung einer Statue meist die Erlaubnis des Stadtrats oder des jeweils zuständigen Gremiums. Die Aufstellung einer Ehrenstatue setzte daher entweder eine herausragende Leistung im Interesse der Allgemeinheit oder eine dominierende gesellschaftliche Stellung voraus. Die Erforschung der entsprechenden Verhältnisse gibt daher einen Einblick in die Strukturen und Wertvorstellungen der Gesellschaft.

Anders lagen die Dinge bei den Heiligtümern, wo eine Statue, auch wenn sie den Stifter selbst darstellte, als Geschenk an die

Abb. 9: Porträt des Kaisers Augustus, regierte 27 v. Chr. bis 14 n. Chr. Das Bildnis ist postum entstanden.

Gottheit kaschiert werden konnte, und im Grabbereich. In der Antike trauerte man meist nicht im Verborgenen, in der Familie, sondern es gab öffentliche Trauerzüge und Totenfeiern. Auch die Gräber richteten sich vielfach an die Öffentlichkeit, denn meist lagen sie nicht in umzäunten Bezirken, sondern an den Ausfallstraßen vor den Städten (Abb. 10). Dort konnte man viel unkontrollierter repräsentieren, nur durch gesellschaftliche Konventionen eingeschränkt und dadurch, was als guter oder schlechter Geschmack galt.

Abb. 10: Pompeji, Gräberstraße vor dem Herkulaner Tor. Die Reliefs an den als Altäre gestalteten Grabmonumenten berichten über die individuelle Lebensleistung der Verstorbenen.

Im Grabbereich wurden ausnehmend häufig Darstellungen im Medium des Reliefs verwendet. Sie stellen oftmals die Verstorbenen dar, manchmal auch deren Familien, manchmal Statussymbole, Hinweise auf den Beruf, die gesellschaftliche Stellung oder was den Verstorbenen lieb und heilig war.

Grabreliefs sind vielleicht die am zahlreichsten überlieferte Gattung der antiken Skulptur; es handelt sich dabei um Selbstzeugnisse ihrer Besitzer. Sie sind in großer chronologischer Breite und beinahe flächendeckend hergestellt worden. Wenn beigegebene Inschriften etwas über die soziale Stellung der Besitzer aussagen, kann man oft feststellen, dass diese Skulpturen von einem großen Teil der Gesellschaft gekauft wurden, jedenfalls von einem weit größeren Personenkreis als nur der eigentlichen Oberschicht. Daher können Grabskulpturen als erstklassige und direkte Quelle für die antike Sozialgeschichte angesehen werden. Aus verschiedenen Gebieten und Epochen gibt es Analysen, die Grabskulpturen in dieser Hinsicht untersucht haben.

Schließlich wurden Skulpturen auch in Privathäusern verwendet, zum Schmuck von Gärten (Abb. 11), Wohnzimmern und privaten Bibliotheken. Sie geben weiteren Einblick in die Welt ihrer Besitzer, etwa ihren Kunstgeschmack und ihr Bildungsniveau.

Malerei und Mosaik

Wir wissen aus zeitgenössischen Textquellen, dass die Antike die Malerei höher schätzte als die Skulptur. Sie galt sogar als die höchste Kunstgattung. Doch ist uns davon nur wenig erhalten geblieben. Man malte nicht auf Leinen, sondern meist auf Stein oder Holz. Letzteres ist als organisches Material besonders gefährdet, an der Luft ebenso wie unter der Erde. Holz erhält sich entweder in extremer Trockenheit, vor allem im Wüstenklima Ägyptens, oder in feuchtem Ambiente, z. B. in Mooren. Auch die Farben bestehen aus organischen Substanzen, und die wurden im Laufe von zwei Jahrtausenden unter der Erde so stark angegriffen, dass nur wenig erhalten geblieben ist.

Die größte Gruppe antiker Malerei auf Holz stammt nicht zufällig aus Ägypten, nämlich aus dem Fayum, einer Oase am Rande des Niltals südlich von Kairo. Es handelt sich um auf Holztafeln gemalte Bildnisse der Verstorbenen (Abb. 12), die an den Mumien befestigt wurden. In Thessalien, einer Landschaft in Mittelgriechenland, ist eine größere Anzahl von bemalten Grabstelen erhalten geblieben. Derartiges gibt es auch in anderen Landschaften

Abb. 11: Malibu (Kalifornien), The John Paul Getty Museum. Der Ölmilliardär John Paul Getty machte seine Antikensammlung in einem Museum der Öffentlichkeit zugänglich. Es wurde am Ufer des Pazifischen Ozeans nach dem Vorbild der im 18. Jahrhundert am Golf von Neapel ausgegrabenen, dann aber wieder zugeschütteten Papyrusvilla gebaut. Im Garten stehen moderne Kopien der in der antiken Villa gefundenen Skulpturen.

wegen der schwierigen Erhaltungsbedingungen jedoch meist nur in geringer Zahl.

Am häufigsten haben sich aus der Antike Wandfresken erhalten, also Malereien, die auf den noch feuchten Putz aufgetragen wurden. Die wichtigsten Fundorte sind die beim Vesuvausbruch im Jahr 79 n. Chr. verschütteten Städte Pompeji und Herculaneum unweit Neapels. Doch gibt es kleinere und größere Reste von vielen anderen Fundplätzen im gesamten Mittelmeerraum. Die Wandmalereien sind durchweg Gebrauchskunst, bunten Tapeten vergleichbar. Ihre Motive sind oft architektonische Ordnungen. Manchmal wurden berühmte Vorbilder großer Maler als Kopien in den Wandschmuck der Privathäuser integriert. In dieser Gattung gab es also Kopien wie in der Plastik.

Eine der Malerei zwar nicht der Technik, aber doch der Wirkung nach verwandte Gattung ist das Mosaik. Mosaiken wurden in der

Abb. 12: Gemaltes Mumienporträt einer römischen Dame. Aus der Oase Fayum, Ägypten. Privatsammlung.

Antike vor allem als Bodenbelag verwendet. Themen und Darstellungen machen sie ebenfalls weniger zu einer Gattung der Hochkunst als vielmehr zum Zeugnis für den Wohngeschmack und das Lebensgefühl der Bewohner, die sich die Fußböden ihrer Häuser damit verzieren ließen.

Auch die antiken Mosaizisten haben auf berühmte Vorbilder zurückgegriffen. Weltbekannt ist das schon von Goethe bewunderte Alexandermosaik. Es stellt eine Schlacht zwischen dem makedonisch-griechischen Heer Alexanders d. Gr. und den Persern dar. Die raffinierten perspektivischen und verkürzenden Mittel belegen, dass es sich um das Vorbild eines berühmten griechischen Malers handelt, der ein Zeitgenosse des Geschehens war und dieses in einem großen Gemälde darstellte. Dieses Werk wurde bereits in der Antike so berühmt, dass der Besitzer eines großen Wohnhauses in der Kleinstadt Pompeji sich eine Mosaikkopie auf den Fußboden verlegen ließ. Nur dadurch ist das berühmte Vorbild überliefert.

Keramik

Zur Malerei gehört auch der Bildschmuck der griechischen Vasen. Dabei handelt es sich durchweg um Gebrauchs- oder Grabgefäße, die oft reich mit Darstellungen verziert waren. Doch war ihre Funktion als Gefäße gegenüber der als Träger von gemalten Darstellungen meist von primärer Bedeutung. Die meisten Städte des antiken Griechenland produzierten eigene Töpferwaren. Berühmt und in alle Winkel der griechischen Welt verbreitet waren vor allem die Vasen aus Athen und aus Korinth.

Vasen, bemalt oder unbemalt, wurden als Gegenstände des täglichen Bedarfs verwendet. Beim Symposion, dem ausgelassenen Beisammensein der griechischen Männer, zum Trinken, zur Aufbewahrung und zum Mischen von Wasser und Wein (Abb. 13). Auch Öle und Parfüms für die weibliche und männliche Körperpflege wurden in Tongefäßen aufbewahrt. Andere Gefäße wurden zu rituellen Handlungen mit Öl und Wasser im Rahmen der Götter- und Totenkulte benutzt oder den Toten mit ins Grab gegeben. Manche Gefäße sind ausschließlich für solche rituelle Verwendungen konzipiert. Viele Vasen wurden nicht an ihrem Ursprungsort

Abb. 13: Trinkschale aus Athen: rotfigurige Technik, Anfang 5. Jahrhundert v. Chr. Die Darstellung auf dem Gefäß zeigt athenische Männer beim ausgelassenen Gelage. Der linke trinkt aus einer Schale, der rechte verschießt beim Kottabosspiel den letzten Schluck aus seiner Schale auf ein Ziel. Die Vase befindet sich in Rom in den Vatikanischen Museen.

gefunden, sondern waren über weite Strecken exportiert worden. In diesen Fällen kann der Inhalt der Gefäße, z. B. Öl oder Wein, das Handelsgut gewesen sein ebenso wie die Gefäße selbst.

Für die Archäologen ist die Keramik auch deshalb von großer Bedeutung, weil sie die am häufigsten aus der Antike überlieferte Materialklasse überhaupt ist. Daher beruht auf der Chronologie der Keramik meist auch die Datierung der Schichtbefunde in den Ausgrabungen.

Was die Bemalung der Vasen angeht, fällt auf, dass die Gefäße aus Athen manchmal die Signaturen der Maler und Töpfer tragen. Diese Beobachtung hatte zur Folge, dass eine sehr einflussreiche Forschungsrichtung um die Mitte des 20. Jahrhunderts versuchte, auch Gefäße ohne Malersignatur den jeweiligen Malerhänden zuzuschreiben. Dazu wurden Details der Formgebung und der Technik beobachtet und mit denen anderer Gefäße verglichen. Auf diese Weise glaubte man sogar, Gefäße sonst unbekannten Malern zuschreiben zu können, deren Namen gar nicht durch signierte Vasen überliefert waren. Dies führte zu merkwürdigen Phantasienamen, die die Archäologen sich für diese fingierten Maler ausdachten. Der berühmteste Fall ist vielleicht der ‹Berliner Maler›, der seinen Namen nach einer besonders schönen, ihm zugeschriebenen Vase in Berlin erhielt. Diese Richtung hat der britische Archäologe John Beazley, der für seine Leistungen sogar in den Adelsstand erhoben wurde, zur Perfektion gebracht.

Vergleichbare Systeme von Vasenmalern wurden auch für andere Gruppen der bemalten griechischen Keramik erarbeitet, vor allem für diejenigen aus Unteritalien und Sizilien. Dies ist umso erstaunlicher, als von dort überhaupt keine Malersignaturen überliefert sind.

Allerdings werden die Tragfähigkeit des von Beazley entwickelten Systems von Zuschreibungen und die von ihm rekonstruierten Maler seit einiger Zeit zunehmend in Frage gestellt. Denn die oftmals engen formalen und technischen Übereinstimmungen, die Beazley beobachtet hatte, lassen sich natürlich auch anders erklären als durch die Annahme der einheitlichen Handschrift eines einzigen Malers. Ebensogut könnte man an Produkte von verschiedenen Malern derselben Werkstatt denken. Dennoch beruht die Chronologie der attischen Keramik bis heute grundlegend auf dem System, das Beazley ausgearbeitet hat.

Anstelle der Forschung nach Vasenmalern wird in jüngerer Zeit intensiv nach der Bedeutung der Vasenbilder geforscht. Traditionell hatte man sich für die Darstellungen der griechischen Götter und Heroen und ihrer Taten nach der griechischen Mythologie interessiert. Doch gibt es eine noch größere Zahl von Darstellungen, die Standardsituationen des täglichen Lebens abbilden. Sie geben oftmals Aufschluss über gesellschaftliche Ideale und spezifische Rollenvorstellungen in den antiken Gesellschaften.

Kleinkunst und Gebrauchsgegenstände

Neben der Keramik gibt es eine große Zahl von kleinformatigen Objekten aus verschiedenen Materialien, Werkzeuge und Gebrauchsgegenstände aus Bronze, Schmuck, Gemmen und geschnittene Steine, Glas usw. Sie werden traditionell meist als isolierte Gattungen behandelt, und was ihre Erklärung und namentlich ihre Chronologie angeht, stellen sie jeweils spezifische Anforderungen.

Natürlich ist es aufschlussreich, anhand von Werkzeugen Technikgeschichte zu betreiben. Andererseits werden etwa Werkzeuge meist erst im Kontext ihres Fundorts wirklich interessant, denn nur so kann man die Frage beantworten, wo und wann bestimmte Techniken benutzt wurden und welche ökonomische Bedeutung sie hatten (Abb. 14).

Mit Bildschmuck verzierte Gegenstände der Kleinkunst, z. B. Gemmen und Kameen, können im Rahmen ikonographischer Untersuchungen zu anderen Gattungen wie Plastik oder Vasenmalerei wichtig werden.

Architektur

Besondere Faszination haben von alters her die Bauwerke auf sich gezogen, die aus der Antike erhalten geblieben sind und die sich manchmal bis in unsere Tage in unseren Städten befinden. Das berühmteste antike Bauwerk in Deutschland ist die Porta Nigra in Trier, eines der römischen Tore der Stadt. In Italien, Griechenland und anderen an Antiken reichen Gebieten kann man weitaus mehr Gebäude sehen, die seit der Antike aufrecht stehen, das Kolosseum und das Pantheon in Rom ebenso wie den Parthenon, den Tempel der Athena auf der Akropolis in Athen.

Lange Zeit hat sich die Architekturforschung vornehmlich für die sakralen Gebäude interessiert. Aus den schriftlichen Quellen weiß man, dass der griechische Tempel ein durchdachtes, aufgrund von festliegenden, aber immer wieder variierten Proportionen konzipiertes architektonisches System war. Dies fordert Architekturforscher von jeher heraus, nach dem Maßsystem und den Proportionsgedanken der Tempel zu forschen.

Daneben gab es öffentliche Bauten, die einer konkreten Funk-

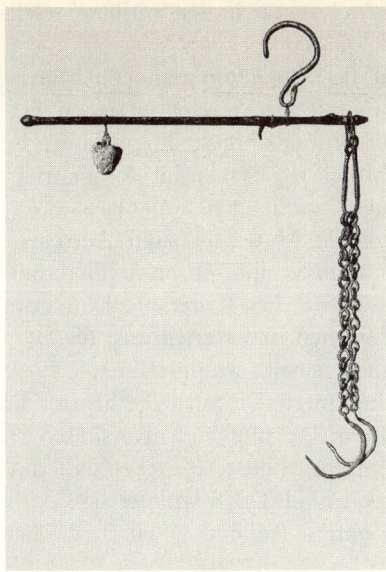

Abb. 14: Antike Schnellwaage: Dresden, Albertinum.

tion dienten. Besonders zahlreich sind aus der Antike Theater erhalten, außerdem Thermen und Amphitheater. Auch Stadtbefestigungen und Stadttore sind häufig, manchmal unter späterer Überbauung, erhalten geblieben.

Größere architektonisch geprägte Ensembles sind z. B. Platzanlagen, vor allem die antiken Marktplätze, griechisch: Agora, lateinisch: Forum. Sie umfassen Säulenhallen, oft aber auch spezielle Funktionsbauten wie Rathäuser, Versammlungsgebäude, Stimmlokale, Bauten für die öffentliche Verwaltung und Archive.

In jüngerer Zeit hat man sich auch für die private Architektur interessiert, also vor allem für Wohnhäuser. Die Aufteilung der Räume und ihre Funktion sind wichtige Indikatoren für die gesellschaftlichen Verhältnisse, für die Beziehung zwischen öffentlichen und privaten Bereichen. Das Beispiel der Wohnarchitektur macht deutlich, dass es eine Richtung der Architekturforschung gibt, die sich weniger um konkrete, konstruktive Details kümmert als um die Funktion von Architektur in den antiken Gesellschaften.

Diese Fragestellung führt auf die Beobachtung anderer Materialklassen, die im Zusammenhang mit der Architektur stehen. Statuen etwa waren oft in Architekturen aufgestellt, in Theatern, Thermen oder auch in herrschaftlichen Palästen, in Wohnhäusern und Villen. Daher hat sich eine Forschungsrichtung große Verdienste erworben, die die Grenzen der Materialklassen überschreitet und z. B. nach der Funktion von Skulpturen im architektonischen Zusammenhang fragt. Nach welchen Kriterien suchte etwa ein privater Villenbesitzer die Statuen und Büsten aus, die er in seine Bibliothek, seinen Speisesaal, seinen Garten stellte?

Um die antike Architektur kümmert sich auch die historische Bauforschung, die an verschiedenen Technischen Universitäten gelehrt wird. Dieses Fach stellt traditionell die technischen und konstruktiven Aspekte in den Vordergrund. Doch widmet sie sich in jüngerer Zeit verstärkt den funktionalen und gesellschaftlichen Zusammenhängen der Bauten.

Topographie und Urbanistik

Die Archäologen haben sich in der letzten Zeit generell darum bemüht, ihre Objekte nicht isoliert, sondern in ihrem jeweiligen antiken Kontext zu untersuchen. Ein einfaches Beispiel kann verdeutlichen, warum dies so wichtig ist. Eine Statue der Aphrodite/Venus etwa kann je nachdem, wo sie aufgestellt war, sehr verschiedene Bedeutungen annehmen. In einem Tempel oder einem Heiligtum der Göttin konnte sie die Funktionen einer Kultstatue oder eines Votivs an die Gottheit übernehmen. In einem Privathaus oder im Garten aufgestellt, besaß sie dekorativen Wert. Wurde eine Statue der Aphrodite/Venus dagegen mit dem Porträt einer verstorbenen Frau versehen und auf dem Familiengrabmal aufgestellt (Abb. 15), wie dies gelegentlich vorkam, dann stehen diese hybriden Erscheinungen als schonungslose, wenig realistische Symbole für die weibliche Schönheit der Verstorbenen. Der jeweilige Kontext sagt also Grundlegendes darüber, wie die einzelnen Objekte verwendet und wie sie angesehen wurden.

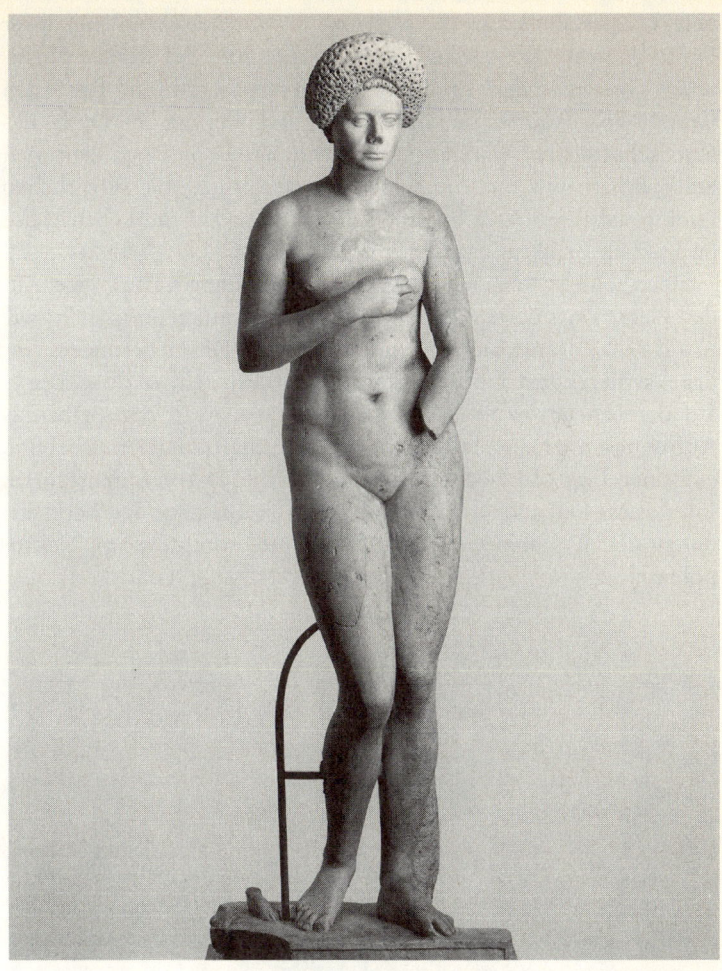

Abb. 15: Porträtstatue einer römischen Dame mit Modefrisur aus der Zeit um
100 n. Chr. Der nackte Körper ist nach einer griechischen Statue der Liebesgöt-
tin Aphrodite kopiert. Die Figur könnte zum Grabmal der Frau gehört haben.

Diese Erkenntnis hat zu einer in den letzten 15 Jahren sehr ein-
flussreichen Richtung geführt, nämlich der urbanistischen Forschung. Sie ist im Grunde eine Fortentwicklung der traditionellen
topographischen Forschung, die sich weitgehend ohne übergeord-

nete Fragestellung um die Klärung der Örtlichkeiten und ihrer Funktionen in den antiken Städten bemühte. Bei der urbanistischen Forschung geht es nun um die Interpretation der baulichen Gestalt von Städten und um deren Veränderung im Laufe des gesellschaftlichen Wandels. Das Vorhandensein eines zentralen Stadtplatzes und die Art seiner Ausgestaltung mit öffentlichen Funktionsbauten etwa erlaubt Rückschlüsse auf die Lebensweise und soziale Strukturierung der Bewohner.

Doch gehören dazu natürlich weitere beachtenswerte Dinge. Auf den Plätzen wurden in der Antike oftmals Statuen aufgestellt, wie es auf dem Forum von Pompeji vor über 100 Jahren besonders eindrucksvoll rekonstruiert worden ist (Abb. 16). Fehlten diese, wie es auf dem Forum in Rom lange Zeit der Fall war, dann gibt das Aufschluss über die Haltung der Bürgerschaft zur Heraushebung einzelner ihrer Mitglieder durch die Aufstellung von Ehrenstatuen. Interessant sind auch die Wohnverhältnisse, die Lage der Werkstätten zu den Wohnhäusern sowie Lage und Gestaltung von Nekropolen.

Abb. 16: Das Forum von Pompeji mit den Porträtstatuen der Kaiser und bedeutender Bürger der Stadt. Rekonstruktion von C. Weichardt (1897).

Außer den genannten Materialklassen, Skulptur und Architektur, können im Rahmen urbanistischer Studien natürlich alle Gegenstände wichtig werden, die zum Leben in der Stadt gehörten, die Ausstattung der Gebäude mit Wandmalerei und Bauornament, die Gestaltung privater Gärten, u. U. auch öffentlicher Grünflächen, Gebrauchsgegenstände gehobener Art z. B. aus dem Kult oder des täglichen Bedarfs wie Keramik, Geschirr, Amphoren, Bronzegeräte, Möbel usw.

Das wichtigste Merkmal dieser archäologischen Richtung ist, dass alle genannten Objekt- und Materialklassen im Zusammenhang betrachtet werden. Es wird z. B. gefragt, ob und wo Motive staatlicher Repräsentation und religiöser Handlungen in den Bereichen des täglichen Lebens reflektiert werden.

Historische Landeskunde und Surveyarchäologie

Wenn also die einzelnen Objekte, die wir in archäologischen Museen in den Vitrinen ausgestellt sehen, Teil eines Hauses oder einer ganzen Stadt waren und in diesen Kontexten gesehen werden müssen, dann ist schnell klar, dass auch die Städte nicht isoliert betrachtet werden können. Denn die Städte hatten natürlich ein Umland, und sie konnten nur in engem Kontakt mit diesem existieren. Dort nämlich, außerhalb der Städte, lagen ihre ökonomischen Ressourcen, die für die Landwirtschaft nutzbaren Flächen, Bauernhöfe (Abb. 17), Bergwerke und andere Wirtschaftsbetriebe. Daher kann man ein zunehmendes Interesse an den Territorien der Städte feststellen, an den Wohn- und Siedlungsformen sowie an der Wirtschaftsweise auf dem Lande.

Großflächige Besiedlung kann freilich meist nicht mit dem traditionellen Mittel erforscht werden, durch das die Archäologie ihr Material gewinnt, nämlich durch Ausgrabungen. Groß angelegte Ausgrabungen kosten in der Regel außerordentlich viel Zeit und Geld. Zudem zielen sie darauf ab, übereinander liegende Kulturschichten und damit sukzessive aufeinander folgende Phasen einer Siedlung oder einer Nekropole an einer Stelle konzentriert zu erfassen.

Außerhalb dichter städtischer Besiedlung jedoch gibt es viel häu-

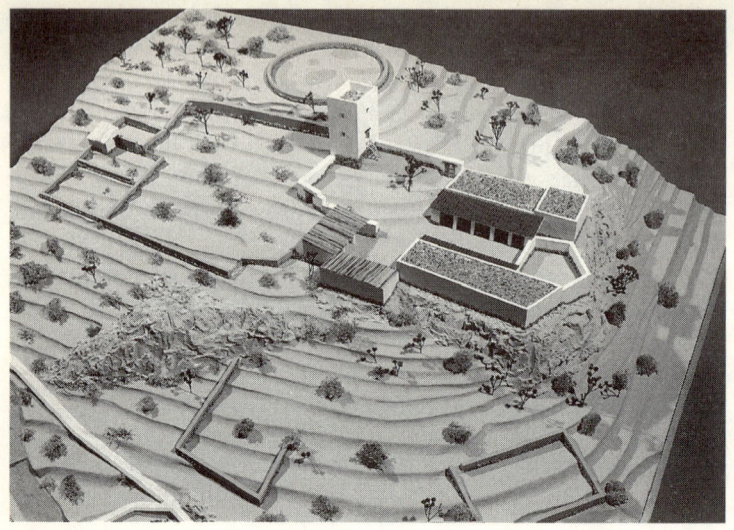

Abb. 17: Bauernhof in Attika, nicht weit von Kap Sounion. Die Reste wurden bei Surveybegehungen entdeckt. Die Rekonstruktion stammt von Hans Lohmann, Bochum.

figer einzeln stehende Gebäude, die weder Vorläufer noch Nachfolger haben. Eine Ausgrabung würde allenfalls kümmerlichste Reste freilegen. Oft genügt die Reinigung an der Oberfläche sichtbarer Mauerzüge. Daher hat man anstelle der Ausgrabung eine andere Technik entwickelt, die sich zur Erfassung großer Areale eignet, nämlich den Survey.

Man kann feststellen, dass Kulturschichten selbst sehr hohen Alters sich keineswegs nur vertikal übereinander ablagern, sondern an der Oberfläche; über älteren Kulturschichten befindet sich meist aus allen Epochen eine Ansammlung von Scherben, die sich in den Schichten darunter befinden. Man hat solche Scherbenansammlungen natürlich immer schon bei der Auswahl künftiger Grabungsplätze beobachtet und sich wesentlich dadurch leiten lassen. Allerdings sind derartige Fundplätze außerhalb der eigentlichen Ausgrabungsareale meist nicht weiter berücksichtigt worden.

Bei einem flächendeckenden Survey wird ein bestimmtes Areal in festgelegten Abständen gleichmäßig abgelaufen. Meist werden solche Untersuchungen von größeren Teams mit mehreren, parallel nebeneinanderher laufenden Teilnehmern durchgeführt. Dadurch wird es möglich, viele Quadratkilometer große Flächen systematisch zu begehen und die Fundplätze großflächig zu kartieren. Das an der Oberfläche liegende Material wird dabei aufgelesen und auf wenige Zentimeter genau kartiert. Außerdem werden an der Oberfläche festliegende Spuren menschlicher Tätigkeit, z. B. Abarbeitungen im Fels zur Fundamentierung von Gebäuden, markiert, vermessen und fotografiert. Nach der anschließenden Bestimmung, vor allem der Datierung der Fundkeramik, entsteht ein flächendeckendes Bild von der Landnutzung in dem begangenen Areal.

Allerdings kann man nicht davon ausgehen, dass selbst diese Methode eine lückenlose Geschichte der Landnutzung ergibt. Denn die Sichtbarkeit der Scherben an der Oberfläche ist natürlich von vielen Faktoren abhängig, vor allem von der Sichtbarkeit der Erdoberfläche zum Zeitpunkt der Begehung. Aber auch die Bearbeitung des Bodens im Laufe von Jahrhunderten und vor allem in der Gegenwart kann starken Einfluss auf die Ergebnisse ausüben. Dennoch gibt die Methode des Survey im Vergleich zur Ausgrabung ein ungleich großflächigeres und vollständigeres Bild von der Geschichte einer Landschaft. Oftmals können Surveyuntersuchungen auch Ausgrabungen nach sich ziehen, wenn man besonders viel versprechende Materialkonzentrationen an der Oberfläche anschließend auch in der Tiefe verfolgt. Beide Methoden, Survey und Ausgrabung, greifen dann ineinander und führen zu einem gemeinsamen Ergebnis.

Ökologische Archäologie

Eine Variante der landeskundlichen Forschung befasst sich überdies mit den Themen der Flora und der Fauna. Wie sah die Landschaft einer bestimmten Gegend aus, welche Pflanzen wuchsen dort von Natur aus, und wie veränderte sich das Landschaftsbild auf natürliche Weise oder durch menschliche Eingriffe, etwa durch die Kultivierung unberührter Landschaftsformationen und die Herstellung einer vom Menschen geformten Kulturlandschaft? Daran schließt sich die Frage an, welche Feldfrüchte von den Bewohnern kultiviert wurden, ob sie dies nur für den eigenen Gebrauch taten oder um damit Handel zu treiben. Damit sind zugleich Themen der Wirtschaftsgeschichte angesprochen. Auch die Frage, welche Speisen gegessen wurden, ist kulturgeschichtlich außerordentlich relevant. Und der Konsum von Luxusspeisen aus fernen Ländern hat immer sozialgeschichtliche Bedeutung. Aus der römischen Kaiserzeit ist sogar ein antikes Kochbuch des Autors Apicius erhalten geblieben. Aber wovon die Bauern in Attika im 5. Jahrhundert v. Chr. gelebt haben, davon berichten allein die archäologischen Quellen.

Andere gattungsübergreifende Fragestellungen: Heiligtümer und Nekropolen

Außer der Urbanistik kann man natürlich auch andere globale Strukturen der antiken Kulturen untersuchen. Dafür kommen z. B. die Heiligtümer in Frage (Abb. 18). Sie umschließen Architektur, Weihgeschenke verschiedenster Arten und Gattungen, Gebrauchsgegenstände für das tägliche Leben, kultische Verrichtungen im Heiligtum und vieles andere. Alles zusammen gibt Aufschluss über gesellschaftliche Strukturen, aber auch über die Religiosität und über deren Stellung.

Ein anderer ganzheitlich zu betrachtender Gegenstand sind die Nekropolen. Dort gab es die Gräber mit den Beigaben, überdies das, was man oberirdisch auf die Gräber stellte, Grabstelen, Vasen und ganze Grabbauten, die u. U. reich mit Reliefs, Statuen, Mosaiken oder Malerei und Architektur verziert waren (Abb. 10). Wir haben bereits am Beispiel der römischen Dame mit dem Statuenkörper der Venus (Abb. 15) gesehen, dass die Darstellungen dieser Denkmäler im Zusammenhang der Nekropole oft ganz eigenartige Bedeutungen annehmen können. Einzelne Gräber konnten zudem allein liegen oder sich im Zusammenhang eines Familiengrabs befinden. Nekropolen können, so betrachtet, wesentliche Aussagen über die jeweiligen gesellschaftlichen Strukturen und deren Veränderungen geben. Überdies stellt sich bei der Betrachtung der Friedhöfe immer auch die Frage nach den eschatologischen Vorstellungen derjenigen, die dort ihre verstorbenen Angehörigen bestatteten.

Abb. 18: Modell des Apollonheiligtums von Delphi. In der Umgebung des Tempels sieht man zahlreiche Statuen und andere Weihgeschenke. Am Weg unterhalb des Tempels stehen die Schatzhäuser verschiedener griechischer Städte.

Technikgeschichte

Auch die Frage nach der Entwicklung der Handwerks- und Produktionstechniken betrifft Fundobjekte aus ganz verschiedenen Gattungen. Einerseits erlauben die hergestellten Objekte selbst Rückschlüsse auf die Technik. So lassen Keramikprodukte in der Regel klar erkennen, ob die Drehscheibe benutzt wurde oder nicht. Auch von Bronzeobjekten kann man ablesen, ob sie mit einer verlorenen oder einer wieder verwendbaren Form, die Serienproduktion erlaubte, hergestellt wurden.

Die Rekonstruktion der Malinstrumente, mit denen die griechischen Vasen verziert wurden, hat in letzter Zeit frappierenden Aufschluss erbracht. So hat man festgestellt, dass die griechischen Vasenmaler nicht einen kurzen Pinsel, wie er heute üblich ist, verwendeten, sondern einen mit ca. 20 Zentimeter langen Pinselhaaren (Abb. 19). Bei den modernen Kurzhaarpinseln besteht die Schwierigkeit, eine lange Linie gleichmäßig dick zu ziehen, denn nach einiger Zeit ist der Farbfluss aus dem Pinsel erschöpft. Mit langen, dünnen Pinselhaaren wird es dagegen möglich, lange Linien gleichmäßig dick zu legen, anstatt sie wie mit den heutigen Kurzhaarpinseln zu ziehen.

Außer den Objekten selbst erlauben die Produktionsstätten, also z. B. Keramikbrennöfen, weiteren Aufschluss über den Herstellungsprozess. Diese haben nicht nur Folgen für den technischen Vorgang der Keramikherstellung, sondern sie geben auch Aufschluss über die soziale Lage der Handwerker und über ihr Selbstverständnis.

Methoden

Einige Methoden der Klassischen Archäologie sind bei der Behandlung ihrer Gegenstände bereits angesprochen worden, vor allem diejenigen, durch die man Bodenfunde gewinnt, Ausgrabung und Survey. Im Folgenden soll von denjenigen Methoden die Rede sein, die man zur Analyse und Interpretation der aus dem Boden gewonnenen archäologischen Objekte verwendet.

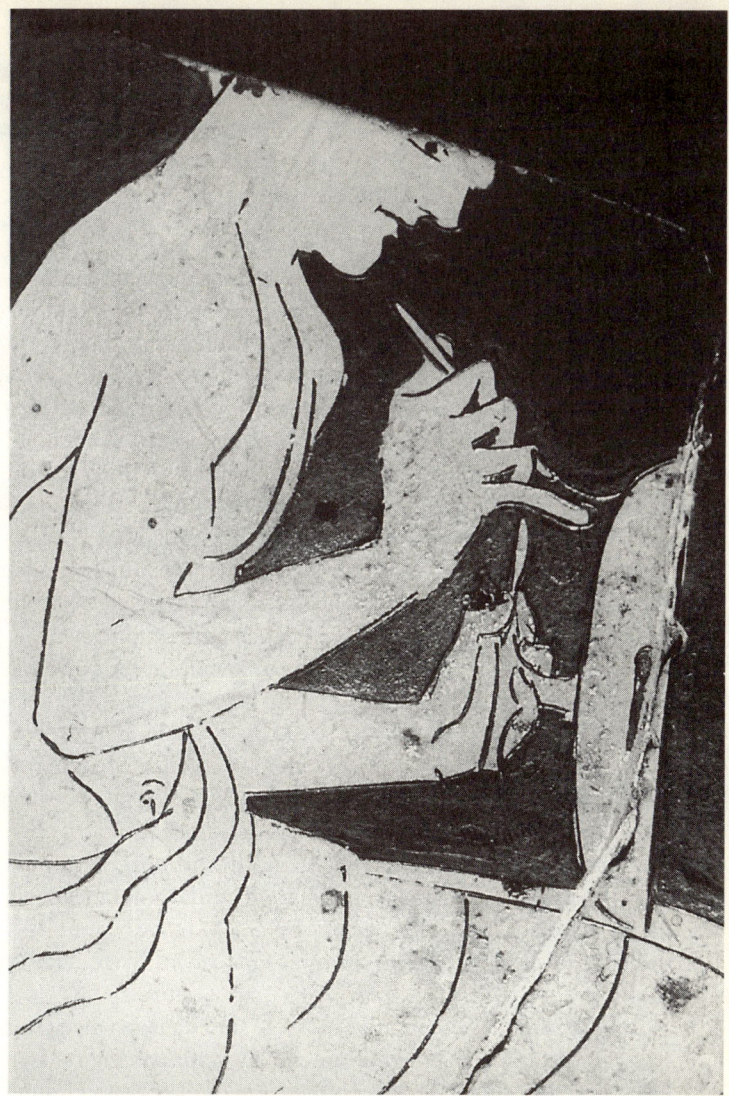

Abb. 19: Vasenmaler bemalt eine Trinkschale, Athen, 5. Jahrhundert v. Chr.
Der Maler benutzt einen Pinsel mit langem Haar, der es ihm erlaubt, die Linie
zu legen, anstatt sie zu ziehen. Die Darstellung zeigt derartige Linien. Sie sind
von Anfang bis Ende gleichmäßig dick.

Stratigraphie

Die Grundfrage, die zunächst immer beantwortet werden muss, ist die nach der Datierung der gefundenen Objekte. Es gilt ganz generell, dass ohne eine chronologische Einordnung grundsätzlich auch keine kulturgeschichtliche Analyse der Bodenfunde möglich ist. Und darum sollte es der Archäologie, wie wir gesehen haben, im Kern gehen.

Das zentrale Mittel zur Datierung von Bodenfunden ist die Stratigraphie, die Beobachtung von Schichtbefunden. Diese Methode geht von einem sehr einfachen Prinzip aus. Wenn man z. B. in Rom eine Kirche aus der Zeit der frühen Christen besucht, muss man häufig vom Straßenniveau über Treppenstufen zum Eingang hinuntersteigen. Das Laufniveau hat sich in 2000 Jahren manchmal um mehrere Meter erhöht. Das kann verschiedene Gründe haben. Dafür ist nicht einfach weggeworfener Müll verantwortlich, sondern der Schutt von Zerstörungen durch Kriegsereignisse, Erdbeben, Brände und Ähnliches. Darüber legte man dann immer wieder neue Pflasterungen an, sodass das Niveau sich immer weiter erhöht hat. Auch das häufige Einbringen eines neuen Estrichbodens in Gebäuden oder Neubauten über den Fundamenten älterer Gebäude führt zu solchen Schichtbefunden.

In einer Stratigraphie liegt die älteste Schicht immer ganz unten, die jüngste Schicht immer ganz oben (Abb. 20). In den Modellstratigraphien, die manche archäologische Museen ausstellen, sieht man ganz unten vielleicht einen Dinosaurierknochen, ganz oben dagegen eine Coca-Cola-Dose. Man kann davon ausgehen, dass jede Schicht jünger sein muss als die nächste darunter liegende, aber älter als die nächste darüber liegende. Man bekommt also durch die Beobachtung der Stratigraphie eine zuverlässige relative Chronologie.

Absolute Daten für diese relative Abfolge sind dagegen meist nur mit großer Mühe zu gewinnen. In diesem Zusammenhang müssen wir uns zunächst einige Gedanken über die antike Zeitrechnung oder, besser gesagt, die antiken Zeitrechnungen machen. Bevor sich der Kalender Caesars, der nach seinem Familiennamen benannte julianische Kalender, durchsetzte, hatte jede Gegend, ja beinahe jede Stadt eine eigene Zeitrechnung. Sie basierte in Griechen-

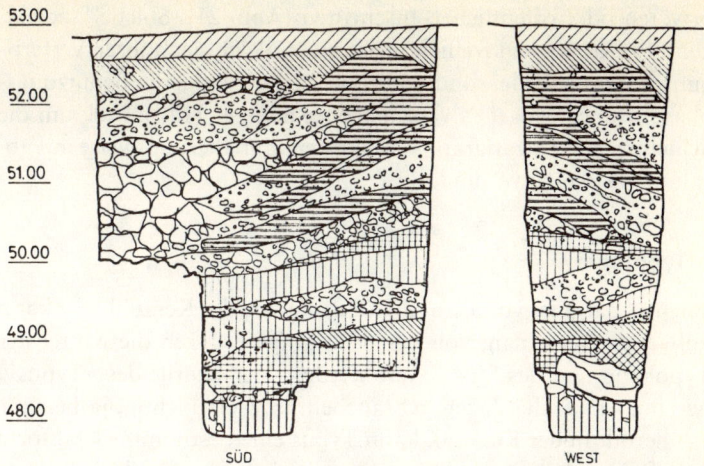

Abb. 20: Stratigraphie aus Milet, Türkei. Die älteste Schuttschicht liegt ganz unten, die jüngste ganz oben. Links sind die Höhenmeter über dem Meer angegeben. Die Ausgrabungen in Milet werden von der Ruhr-Universität in Bochum durchgeführt.

land auf den Oberbeamten der Städte, deren persönlicher Name auf ihr jeweiliges Amtsjahr übertragen wurde, das wiederum vom solaren Jahr abweichen konnte. Eine allen Griechen gemeinsame Zeitrechnung waren die Olympiaden, die entsprechend der Abhaltung der Feste einen vierjährigen Rhythmus ergaben. Der Beginn dieser Zeitrechnung wurde auf das Jahr 776 v. Chr. zurückgeführt. In der antiken Geschichtsschreibung pflegte man, wenn überhaupt Daten angegeben werden, um ein Ereignis sicher zu datieren, immer die Daten nach mehreren Chronologien anzugeben. In der römischen Kaiserzeit datierte man nach dem Amtsjahr des jeweils regierenden Kaisers. Daneben wurden aber auch viele lokale Zeitrechnungen weitergeführt. Diese verschiedenen chronologischen Systeme müssen, bevor wir sie miteinander vergleichen und verwenden können, jeweils in unsere mit der Geburt Christi einsetzende Zeitrechnung übersetzt werden.

Allerdings hat man in der Antike nur an ganz wenigen archäologischen Fundstücken das Entstehungsdatum auch tatsächlich notiert. Am häufigsten geschieht das auf Münzen, manchmal auch in privaten oder öffentlichen Inschriften (Abb. 21). Solche langlebigen Objekte kamen freilich meist nicht gleich nach ihrer Verfertigung unter die Erde, sondern erst nach einer längeren Benutzungsphase. Daher bedarf es verschiedener anderer Hilfsmittel, um die Schichten einer Stratigraphie wenigstens annäherungsweise mit absoluten Daten zu verbinden.

Typologie

Wichtig dafür ist vor allem die Chronologie der Keramik. Sie kann teilweise unabhängig von der Stratigraphie durch die Mittel der Typologie und des Stils fixiert werden. Der Begriff des «Typus», wie ihn die Archäologen gebrauchen, ist vielschichtig, ja beinahe schillernd. In der Keramik kann Typus eine bestimmte Gefäßform («Gefäßtyp») meinen oder einen «Bildtypus» der darauf angebrachten Malerei. Mit dem Wort Typus bezeichnet der Archäologe eine Ansammlung von übereinstimmenden Phänomenen. Die Übereinstimmung kann enger oder weniger eng sein.

Zwei Beispiele können das verdeutlichen. Griechische Mischgefäße werden als Krater bezeichnet. Die in Athen gefertigten Kratere des 6. und 5. Jahrhunderts v. Chr. haben alle eine weite Öffnung, durch die die Flüssigkeiten, Wein und Wasser, eingefüllt, in dem Gefäß vermischt und dann leicht wieder herausgeschöpft werden konnten (Abb. 22). Allerdings wurde der Ansatz der Henkel am Hals des Gefäßes verschieden gestaltet. Er konnte mit eingerollten Voluten verziert oder schlichter in zwei kleinen Stangen ausgeführt werden. Die erste Variante wird als «Volutenkrater» (Abb. 22), die zweite als «Kolonettenkrater» (Säulchenkrater) bezeichnet (Abb. 22). Auch die Form des Gefäßes ließ sich variieren. Eine Möglichkeit zeigt einen ausschwingenden Umriss, der nach seiner Form als «Glockenkrater» bezeichnet wird. Eine andere hat einen schlankeren Umriss, der seine breiteste Stelle an der Mündung erreicht. Sie wird als «Kelchkrater» bezeichnet (Abb. 22). Jede dieser Formen kann man als einen eigenen Typus bezeichnen. Alle gemeinsam gehören außerdem zum Ober-Typus des «Kraters».

Entsprechend variabel wird der Begriff «Typus» auf die Bildkunst angewendet. Die Geschichte von Theseus und Minotauros, dem auf Kreta in dem berühmten Labyrinth hausenden Ungeheuer,

Abb. 21: Grabstein des Reiters Dexileos aus Athen, 394 v. Chr. Die Inschrift berichtet, dass der Reitersoldat 394 v. Chr. im Krieg bei Korinth ums Leben gekommen ist. Das Grabmal muss also kurz danach entstanden sein.

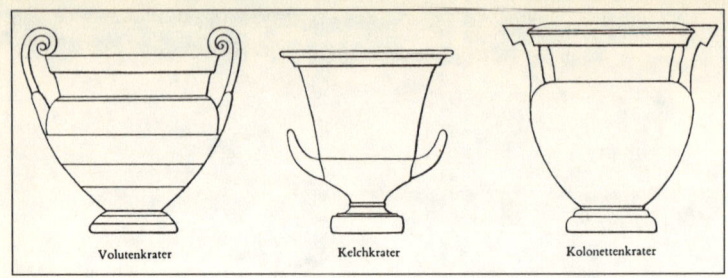

Abb. 22: Volutenkrater, Kelchkrater, Kolonettenkrater. Die weit geöffnete Grundform des Gefäßes (Typus) bleibt trotz der verschiedenen Henkelformen gleich.

halb Mensch, halb Stier, wird seit dem 6. Jahrhundert v. Chr. häufig auf den in Athen und Attika hergestellten Vasen dargestellt. Obwohl der Kampf noch in vollem Gang ist, zeigen die Darstellungen ganz klar, wer der Sieger und wer der Unterlegene ist. Denn Minotauros geht vor dem überlegenen Theseus in die Knie. Der hält seinen stierköpfigen Gegner zudem im Schwitzkasten (Abb. 23 a).

Abb. 23 a: Amphora aus Athen, schwarzfigurige Technik, 6. Jahrhundert v. Chr., Berlin, Staatliche Museen: Die Darstellung zeigt Theseus im Kampf mit Minotauros. Theseus hält seinen stierköpfigen Gegner im Schwitzkasten.

Entsprechend wird zu derselben Zeit auch der Kampf zwischen Herakles und dem Löwen von Nemea dargestellt. Das Motiv ist dasselbe. Herakles hält seinen Gegner im Schwitzkasten (Abb. 23 b). Doch zeigen die Details, namentlich die Darstellung der beiden Untiere, dass verschiedene Geschichten zur Darstellung gebracht werden. Da jedoch dasselbe Motiv für die Positionierung der beiden Gegner zueinander gewählt wird, sprechen die Archäologen davon, dass in beiden Fällen derselbe Bildtypus zugrunde liegt.

Abb. 23 b: Amphora aus Athen, schwarzfigurige Technik, 6. Jahrhundert v. Chr., Berlin, Staatliche Museen: Die Darstellung zeigt Herakles im Kampf gegen den Löwen. Herakles hält seinen Gegner im Schwitzkasten. Der Maler hat denselben Typus benutzt wie der des Theseusbildes.

Stil

Nun waren die genannten Bildtypen ebenso wie die zuvor als Beispiele erwähnten Vasenformen jeweils über längere Zeit in Gebrauch. Die Darstellung von Theseus und Minotauros findet sich in dieser Form wenigstens vom Anfang des 6. bis ungefähr zum Anfang des 5. Jahrhunderts v. Chr. Daher erlaubt die Zuordnung zu diesem Bildtypus lediglich eine sehr grobe zeitliche Einordnung. Genauere Anhaltspunkte liefert dagegen eine Analyse des künstlerischen Stils.

Es ist kaum möglich, eine allgemein akzeptable Definition von Stil zu geben. Daher soll an einem Beispiel verdeutlicht werden, was den künstlerischen Stil ausmacht. Dazu wähle ich zwei Reliefs, die in Athen oder seiner Umgebung als Stelen auf Gräbern gestanden haben. Das ältere gehört zu den berühmtesten Werken der antiken Plastik, die Stele einer Frau namens Hegeso. Den Namen erfahren wir aus der Inschrift am Giebel des Reliefs. Dort lesen wir auch den Namen ihres Vaters, Proxenos (Abb. 24 a). Das andere Relief gehörte, wie wir ebenfalls aus der Inschrift erfahren, einer Pheidylla, Tochter des Aresios (Abb. 24 b).

Die Darstellungen zeigen eine ganz übereinstimmende Motivik. In einer architektonischen Fassung aus seitlichen Halbpfeilern – den Anten – und einem bekrönenden Giebel sieht man eine sitzende Frau und ein stehendes junges Mädchen, das durch sein langes Gewand – ein Chiton – und die Haube als Dienerin gekennzeichnet ist. Beide Dienerinnen halten den Sitzenden ein Kästchen hin, aus dem diese etwas entnehmen. Worum es sich dabei handelt, ist nicht auf den ersten Blick zu erkennen. Allerdings bemerkt man bei näherem Hinsehen auf dem Relief der Pheidylla einen Stoff. Auf dem der Hegeso war wohl ein Schmuckstück aufgemalt, doch ist diese Bemalung heute verloren. Unterschiede gibt es bei den Stühlen. Hegeso sitzt auf einem Lehnstuhl, Pheidylla dagegen auf einem Hocker. Gleichwohl überwiegen die Übereinstimmungen. Für beide Reliefs wurde derselbe Bildtypus verwendet.

Trotz der engen typologischen Übereinstimmung datieren die Archäologen das Relief der Hegeso ans Ende des 5. Jahrhunderts v. Chr., dasjenige der Pheidylla dagegen in die 2. Hälfte oder sogar ans Ende des 4. Jahrhunderts v. Chr. Wie kann man diese Distanz von beinahe drei Generationen erklären?

Auch das wenig geübte Auge erkennt sofort viele Unterschiede zwischen den beiden Darstellungen in den großen und kleinen Details. Zunächst fällt auf, dass das Relief der Hegeso viel flacher gearbeitet ist als das andere. Hier liegen die Figuren und vor allem ihre Köpfe eng am Reliefgrund, während sie dort freier gestaltet sind. Das gab dem Bildhauer die Möglichkeit, die Komposition räumlicher zu gestalten. Vor allem der Hocker der Sitzenden auf dem Relief der Pheidylla ist schräg gestellt und erscheint dadurch freier im Raum (Abb. 24 b). Auch der Vergleich der beiden Fuß-

Abb. 24a: Grabstele der Athenerin Hegeso, um 400 v. Chr., Athen, National-
museum

schemel ist interessant. Während er bei Hegeso streng im Profil erscheint (Abb. 24 a), kann man ihn bei Pheidylla schräg von vorn sehen (Abb. 24 b). Dasselbe gilt für die Köpfe der Figuren. Während sie bei Hegeso streng im Profil stehen, sieht man sie bei Pheidylla und ihrer Dienerin schräg von vorn.

Ein anderer Gesichtspunkt, an dem man die Unterschiede des künstlerischen Stils gut beobachten kann, sind die Darstellungen der Gewänder und der Gewandfalten. Bei Hegeso und bei ihrer Dienerin legen die Stoffe sich eng um die Figuren, sodass die Körperformen darunter klar sichtbar sind (Abb. 24 a). Die Falten sind sehr schönlinig dargestellt, man hat von kalligraphischen Falten gesprochen. Bei dem anderen Relief sind die Stoffe dagegen dicker dargestellt und verdecken die Körperformen (Abb. 24 b). Die Falten sind viel voluminöser, es gibt starke Hell-Dunkel-Kontraste, die durch tiefe, verschattete Faltentäler zustande kommen, und auch zwischen ihnen kann man den dicken Stoff leicht erkennen.

Obwohl also für beide Reliefbilder derselbe Typus verwendet worden ist, sind die stilistischen Unterschiede in den Detailformen klar ersichtlich. Wenn man die beschriebenen Eigenheiten der beiden Reliefs mit anderen, äußerlich datierten Reliefwerken, vor allem mit den durch antike Datumsangaben oft aufs Jahr genau datierten Urkundenreliefs vergleicht, dann kann man aufgrund der stilistischen Charakteristika zu einer absoluten Datierung gelangen. Deshalb wird das Relief der Hegeso in die Jahre um 400 v. Chr., dasjenige der Pheidylla dagegen in die Jahre um 330 v. Chr. datiert. Dabei bleibt allerdings ein Spielraum von wenigstens zehn Jahren nach oben und nach unten. Man muss sich also darüber im Klaren sein, dass die auf stilistischem Wege ermittelten Datumsangaben nicht besonders genau sind, sondern einen Anhaltspunkt geben, wann ungefähr ein Werk entstanden ist.

Ikonographie

Seit etwa 1930 bis nach 1960 hat in der Klassischen Archäologie die Untersuchung der antiken, vor allem griechischen Skulpturen auf ihren jeweiligen Zeitstil hin sehr großen Raum eingenommen. Für viele klassische Archäologen lag in der Datierung von Skulpturen aufgrund ihres Stils das hauptsächliche Ziel des Fachs.

Abb. 24b: Grabstele der Athenerin Pheidylla, 2. Hälfte 4. Jahrhundert v. Chr., Athen, Nationalmuseum

In den späten sechziger Jahren jedoch hat das Unbehagen an dieser begrenzten, überwiegend auf Formales zielenden Betrachtungsweise enorm zugenommen. Eine Alternative hat man seinerzeit in der Frage nach den Inhalten der Darstellungen gesehen. Dabei geht es einerseits um die Deutung mythologischer Bilder. Bei der Behandlung des Typenbegriffs hatten wir zwei Beispiele von Vasenbildern mit mythischen Themen gesehen. Sie stellten Taten sagenhafter Helden dar, nämlich den Kampf zwischen dem Athener Königssohn Theseus und dem Minotauros, einem Mischwesen mit menschlichem Körper und Stierkopf, das auf Kreta in einem Labyrinth hauste (Abb. 23 a). Dass hier diese Geschichte aus der antiken Mythologie dargestellt ist, ergibt sich aus dem Vorkommen dieses im Mythos einzigartigen Mischwesens. Hat man diesen einmal erkannt, dann muss der Held, der ihn besiegt, Theseus sein.

Das andere Vasenbild zeigte den peloponnesischen Helden Herakles im Kampf mit dem Löwen von Nemea (Abb. 23 b). Nachdem er diesen getötet hatte, nahm er als Trophäe den Löwenskalp mit. Daher wird Herakles in den Darstellungen seiner übrigen Heldentaten oft mit einem Löwenfell oder Löwenskalp dargestellt, der geradezu zu seinem Abzeichen wird, an dem man ihn regelmäßig erkennen kann, selbst dann, wenn er gerade nicht bei einer seiner Taten dargestellt ist.

Bei diesen beiden Fällen handelt es sich natürlich um sehr einfache Beispiele für Fragen, die die ikonographische Forschung behandelt. Doch gehören dazu weiterführende Probleme, die der Wandel der Darstellungen durch die Jahrhunderte und in verschiedenen Städten und Landschaften aufwirft. Einige Vasenbilder stellen Herakles beispielsweise nicht im Kampf gegen einen Unhold dar, den er besiegen soll, sondern beim Gelage. Hier fließen Züge vornehmen aristokratischen Verhaltens in das Bild des Heroen ein. Später konnten umgekehrt auch antike Herrscher bis hin zu den Römischen Kaisern mit den Attributen des Herakles dargestellt werden. Dadurch nahmen sie Eigenschaften dieses Prototyps eines griechischen Helden, vor allem seine sagenhafte Stärke und Unbesiegbarkeit, für sich in Anspruch.

Die ikonographische Forschung deutet also die antiken Darstellungen und beobachtet und interpretiert ihren Wandel in Zeit und Raum.

Historische Interpretation

Eine einflussreiche, jüngere Richtung fragt besonders nach dem Aussagegehalt der Darstellungen im Zusammenhang der jeweiligen historischen Situation, in der sie entstanden sind. Ein solcher Fall ist die Statue der Siegesgöttin – griechisch: Nike –, die der Bildhauer Paionios gegen 420 v. Chr. für das Zeusheiligtum von Olympia geschaffen hat (Abb. 25).

Die Figur ist mit ausgebreiteten Flügeln und wehendem Gewand wie fliegend dargestellt, ein nicht gerade alltägliches Motiv in der griechischen Plastik. Zudem scheint sie noch über einen Adler hinwegzufliegen, also den Vogel, der Zeus, dem Herrn des olympischen Heiligtums, heilig war. Sie stand auf einem hohen, dreieckigen Pfeiler vor der Eingangsseite des gewaltigen Zeustempels (Abb. 26). Die Inschrift auf dem Pfeiler und Nachrichten aus der antiken Literatur berichten, dass das Denkmal von den Bewohnern der Landschaft Messene und der Stadt Naupaktos in das Zeusheiligtum gestiftet worden war, und zwar für einen triumphalen Sieg, den sie an der Seite Athens gegen die sonst übermächtigen Spartaner davongetragen hatten. Dieser Sieg wurde durch die fliegende Siegesgöttin verkündet und gefeiert, und zwar in dem Heiligtum, in dem die Griechen alle vier Jahre zu den olympischen Spielen zusammenströmten.

Doch war die Aussage der Statue damit keineswegs erschöpft. Auch war sie weit mehr als eine einfache Votivgabe an Zeus. Vielmehr stand die Siegesgöttin im Zusammenhang mit anderen Weihgaben mit sehr kontroverser politisch-diplomatischer Aussage. Vor allem trat sie in Konkurrenz zu einem Schild, den Sparta, die militärisch traditionell mächtigste griechische Stadt, etwa 30 Jahre früher für einen militärischen Sieg an dem Giebel des Zeustempels aufgehängt hatte. Die Nike auf ihrer etwa 8,50 Meter hohen Basis direkt davor (Abb. 26) antwortete höchst polemisch auf die alte Siegesweihung der in diesem Fall unterlegenen Spartaner.

Deren Antwort ließ natürlich nicht lange auf sich warten, sobald sie einmal wieder die Oberhand gewonnen hatten. Knapp 20 Jahre später, nach dem für Sparta siegreichen Ende des peloponnesischen Kriegs, ließ der spartanische Feldherr Lysander in seiner Heimatstadt gleich zwei Siegesgöttinnen aufstellen. Sie sind nicht erhalten,

Abb. 25: Statue der Siegesgöttin. Sie wurde von den Städten Messene und Naupaktos nach Olympia gestiftet.

Abb. 26: Olympia, Rekonstruktion des Tempelplatzes: Die Siegesgöttin steht ganz links auf einem hohen Pfeiler. Sie tritt dadurch in Konkurrenz zu einem Kampfschild, den Sparta kurz zuvor am Giebel des Tempels aufgehängt hatte.

doch zeigt die Beschreibung, die sich in der antiken Literatur davon findet, dass sie durch ihr Motiv direkt auf die Nike in Olympia anspielten: Die beiden Siegesgöttinnen in Sparta erschienen nämlich ebenso wie diese über einem Adler fliegend.

Die griechischen Skulpturen waren also beileibe nicht nur Kunstwerke. Ihre Aufgabe erschöpfte sich nicht in der Suche nach und in der Darstellung von vollendeten, schönen Formen. Und selbst die Skulpturen, die als Votivgaben in einem Heiligtum standen, erfüllten eine weiter gehende Funktion, in den gerade beschriebenen Fällen als Träger politischer Aussagen.

Dazu muss man bedenken, dass sich in einem großen Heiligtum wie demjenigen von Olympia alle vier Jahre die Vertreter der griechischen Städte aus allen Küstengegenden des Mittelmeers versammelten. Es war daher ein ausgezeichnetes Forum für derartige Verlautbarungen zur Austragung der oft verbissenen Konkurrenz zwischen den voneinander unabhängigen Städten. Skulpturen sind also nicht allein Kunstwerke, sondern – das ist heute zwischen allen Archäologen Konsens – sie haben eine politisch-gesellschaftliche Bedeutung.

Umfassender hat man in den siebziger und achtziger Jahren nach Skulpturenprogrammen gefragt, also Statuenzyklen mit einer umfassenden Aussage. Ausgangspunkt dieser Richtung waren die Platzanlagen, die Augustus in Rom geschaffen und mit Bauwerken und Skulpturen hatte ausstatten lassen, vor allem das Augustusforum. Dort hatten Bauten, Bauskulpturen, das Kultbild des Tempels und die Statuen in der ganzen Anlage (Abb. 27) eine Aussage, die auf den neuen Kaiser, die von Augustus nach dem katastrophalen Bürgerkrieg neu geschaffene Herrschaftsform des Prinzipats und die Familie des Kaisers zugespitzt war. Architektur und Skulpturen wurden gezielt zur Legitimierung der neuen Herrschaft und des neuen Herrschers eingesetzt. Einzelne Monumente und ganze Monumentgruppen verschiedenster Zeiten werden entsprechend auf ihren Herrschaft legitimierenden Charakter hin untersucht.

Abb. 27: Augustusforum in Rom. Der Kaiser hatte die Platzanlage gestiftet und von privatem Geld bezahlt. Der Skulpturenschmuck war auf ihn und seine Familie zugeschnitten. Im Tempel standen seine persönlichen Schutzgötter, im Zentrum des Platzes die Statue des Kaisers selbst. Jeder Besucher musste verstehen, dass die römische Geschichte eine entscheidende Wende durchlaufen hatte.

Andererseits haben die Archäologen sich auch denjenigen Darstellungen zugewandt, die nicht konkret, z. B. als Darstellungen von Mythen, gedeutet werden können. Sie verschließen sich einer konkreten historischen Einordnung, besonders dann, wenn die dargestellten oder die beteiligten Personen entweder überhaupt namenlos sind oder jedwede anderweitige, z. B. literarische Überlieferung über sie fehlt. Daher sind in letzter Zeit verschiedenartige Wege beschritten worden, die eine Deutung derartiger anonymer Werke erlauben.

Wenn man etwa aufgrund einer Inschrift den gesellschaftlichen Status der Besitzer einer Skulptur, eines Bauwerks, eines Grabes bestimmen kann, dann erlaubt der Vergleich zwischen den Angehörigen verschiedener Schichten Aussagen über die soziale Situation in einer Gesellschaft. Andere Indizien sprechen für das Verhältnis des Einzelnen zur Gemeinschaft, der Bürger zum Herrscher, der Individuen zum Tod usw. Derartige Fragen gehören teilweise in den Bereich der historischen Anthropologie, teils aber auch in den der Mentalitätsgeschichte. Beiden Richtungen ist gemeinsam, dass sie historische Forschung jenseits der traditionellen Ereignisgeschichte betreiben. Sie interessieren sich für anonyme Personen, für deren Lebensumstände und sogar für deren individuelles Lebensgefühl. Diese Befunde aus der so genannten Mikrohistorie können zu den Ereignissen der großen Geschichte in Beziehung gesetzt werden und führen nicht selten zu wesentlichen Veränderungen in der großen Geschichtsschreibung.

Beispielsweise hat man sich das Römische Reich oft als ein erobertes und durch militärische Macht zusammengehaltenes Imperium vorgestellt. Intensive Forschungen vor allem von Archäologen, aber auch von Althistorikern und Altphilologen in den Provinzen des Römischen Reichs haben jedoch gezeigt, wie sich im Laufe von Jahrhunderten die zentrifugalen Kräfte umgekehrt haben. Denn es hatte im Verlauf der römischen Herrschaft subtile Wege gegeben, durch die die römische Lebensweise auch der Bevölkerung der Provinzen schmackhaft gemacht wurde. Auf diese Weise war eine lokal in vielem verschiedene, im Grunde aber einheitliche Kultur entstanden, die von Spanien bis nach Syrien und von der Sahara bis nach Britannien reichte. Als jedoch das Römische Reich am Ende nicht mehr imstande war, sich gegen die von allen Seiten gegen seine Grenzen anstürmenden Barbaren zur Wehr zu setzen, brachen in den Provinzen keine Befreiungskriege aus. Im Gegenteil begann man sofort, die Sicherheit und die enormen Möglichkeiten z. B. des einträglichen Fernhandels und die vielen anderen Vorteile zu vermissen.

Die Nachbarwissenschaften

Am Ende bleibt noch, eine Reihe von Nachbarfächern zu erwähnen, die für die Archäologen ebenfalls wichtig sind. An erster Stelle nenne ich die *Klassischen Philologien*, also Latein und Griechisch. Klassische Archäologie hat sich aus diesen Fächern heraus entwickelt. Die ersten Archäologen waren zugleich und in erster Linie Philologen. Zudem vervollständigen die antiken Quellen, literarische Texte und die Inschriften unser Bild von den antiken Kulturen in einer Weise, wie es für schriftlose Kulturen nicht möglich wäre. Gesetzt den Fall, uns fehlten die antiken Berichte über die Mythologie, dann fehlte uns jede Handhabe, die mythologischen Vasenbilder auch nur zu verstehen.

Auf der anderen Seite erweitern die archäologischen Quellen das, was wir aus der Literatur wissen, beträchtlich. Zudem sind literarische Texte reflektierte Selbstzeugnisse einzelner Autoren, die ihren Inhalt immer aus einer individuellen Perspektive schlaglichtartig beleuchten. Archäologische Quellen sind dagegen in chronologischer und geographischer Hinsicht meist breiter gestreut. Wenn man sie in entsprechender Weise betrachtet, dann erlauben sie eine Analyse, die von den einzelnen Individuen absieht und auf grundsätzlichere, u. U. gesamtgesellschaftliche oder für bestimmte Gruppen spezifische Strukturen hinweist.

Dennoch muss der Klassische Archäologe häufig auf literarische Quellen zurückgreifen. Dabei ist klar, dass er diese nie in derselben Raffinesse beherrschen kann wie der Klassische Philologe. Doch man muss eine grundsätzliche Vorstellung über die Methoden und Fragen des anderen Fachs haben, sei es nun, dass man eine der Philologien als Nebenfach studiert, oder nicht.

Die inschriftlichen Zeugnisse sind ja bereits angesprochen worden. Sie ergänzen die archäologischen Quellen oft in glücklicher

Weise, weil sie ebenfalls eine in chronologischer und geographischer Hinsicht ungleich größere Streuung aufweisen als die wenigen aus der Antike überlieferten Texte. Zur Betreuung der Inschriften hat sich eine Spezialwissenschaft entwickelt, nämlich die Epigraphik, die zwischen der Klassischen Philologie und der Alten Geschichte angesiedelt ist. Für den Archäologen ist es wichtig, die grundsätzlichen Methoden der *Epigraphik* zumindest zu verstehen und die Corpuswerke und Handbücher zu kennen. Natürlich muss auch der ausgewiesene Archäologe in speziellen Fragen den Rat des epigraphischen Spezialisten einholen.

Schließlich ist noch eine dritte Nachbarwissenschaft zu nennen, nämlich die antike Münzkunde, die *Numismatik*. Die Münzen sind die einzige antike Gattung, die wahrscheinlich annähernd vollständig erhalten geblieben ist. Das hängt damit zusammen, dass von jeder Münzserie, die in einer antiken Stadt oder in den kaiserlichen Münzen des Römischen Reichs geprägt wurde, viele Exemplare geschlagen worden sind. Das liegt nun einmal in der Natur der Münzen, die ja für den Geldumlauf bestimmt waren. Aufgrund der Vielzahl der einstmals geprägten Münzen kann man vermuten, dass nahezu von einer jeden Emission wenigstens ein Stück erhalten geblieben ist.

Münzen sind für den Archäologen in verschiedener Hinsicht von Wichtigkeit. Besonders häufig kann er sie als datierenden Anhaltspunkt in der Stratigraphie einer Ausgrabung verwenden. Münzen lassen sich nämlich häufig sehr gut datieren, weil darauf die Emissionsdaten angegeben sind oder sie sich zumindest durch Reihungen erschließen lassen.

Gerade deswegen sind Münzen auch ein willkommenes Hilfsmittel für die ikonographische Forschung, denn sie erlauben es, das Aufkommen und Verschwinden bestimmter Bildmotive gut zu datieren. Auch für lokalgeschichtliche Forschungen zu einzelnen Städten sind deren Münzemissionen wichtig. Hier werden Motive verwendet, mit denen sich die Städte identifizierten. Und in der Kaiserzeit werden die Bilder und Beischriften der Münzen geradezu zu einer Sammlung kaiserlicher Verlautbarungen und Veröffentlichungen mit propagandistischem Charakter.

Gelegentlich sind sogar Bauwerke und Statuen auf den Münzen ins Bild gesetzt. Manches lässt sich nur aufgrund von Münzen wirklich rekonstruieren. Ein berühmtes Beispiel dafür ist die Reiterstatue des Kaisers Domitian, die er vielfach lebensgroß mitten auf dem altehrwürdigen Forum Romanum aufstellen ließ und die neben anderen unpopulären Taten später zu seinem Sturz führte. Die Statue selbst wurde gleich nach dem Tod des Kaisers daher bewusst zerstört, doch geben Münzbilder zusammen mit einer dichterischen Beschreibung eine Vorstellung, wie das gigantomane Herrschermonument ausgesehen hat (Abb. 28).

Abb. 28: Münze mit der Darstellung der Reiterstatue des Kaisers Domitian. Die Figur zeigte den Kaiser in kolossaler Größe mitten auf dem Forum, im Zentrum der Stadt Rom. Die Provokation war so groß, dass die Statue gleich nach dem Sturz des Kaisers demontiert wurde.

Natürlich kann der Archäologe weder die Epigraphik noch die Numismatik in allen ihren Feinheiten vollständig beherrschen. Doch gilt wiederum, dass er der Gattung der Inschriften gegenüber offen sein muss. Er sollte die Argumentationen der Spezialisten zur Rekonstruktion, Datierung und Deutung von Inschriften nachvollziehen und auf ihre Stichhaltigkeit hin überprüfen können und die wichtigsten Bestimmungshandbücher und Standardwerke kennen.

Für alle genannten Nachbarwissenschaften gilt gleichermaßen, dass man im Laufe des Studiums einen Einblick gewinnen sollte. Das kann durch den Besuch eines Seminars, einer Übung oder einer Vorlesung geschehen. Die Epigraphik und die Numismatik sind an den deutschen Universitäten ja nicht als eigenständige Fächer, sondern im Rahmen anderer Bereiche vertreten, z. B. der Alten Geschichte. Schwerpunkte für Epigraphik gibt es etwa in Heidelberg und Köln. Lehrveranstaltungen in Numismatik kann man etwa in Tübingen und Berlin belegen. An manchen Universitäten fehlen derartige Angebote jedoch. Daher sollte man die Möglichkeit, wenn es sie gibt, unbedingt nutzen.

Die Dokumentation von Objekten und Befunden

Ein zentraler Punkt für die Archäologie ist schließlich die Dokumentation ihrer Funde und Ergebnisse. Allein was anschaulich gemacht und in möglichst weit verbreiteten Veröffentlichungen zugänglich ist, kann als wissenschaftliches Objekt studiert und zu Ergebnissen ausgewertet werden. Denn was nicht veröffentlicht ist, kann weder überprüft noch falsifiziert werden. Und damit fehlt ihm das wesentliche Element eines wissenschaftlichen Resultats.

In vielen Bereichen etwa der Skulptur-, Malerei- und Mosaikforschung nimmt die Fotografie den wichtigsten Platz unter den Dokumentationsmedien ein. Für andere Gattungen wie Architektur und Keramik kommt das Medium der Zeichnung hinzu.

Beide Dokumentationsmedien können natürlich nicht voraussetzungslos benutzt werden. Die Herstellung von publikationsfähigen Fotos erfordert eine große theoretische und praktische Kenntnis fotografischer Techniken. In letzter Zeit ist die digitale Fotografie stark auf dem Vormarsch. Im günstigsten Fall übernimmt ein professioneller Fotograf diese Aufgaben. Doch haben auch unter den ‹Profis› die wenigsten Erfahrungen z. B. mit antiken Skulpturen. Häufig jedoch müssen die Aufnahmen auf die Schnelle von den Archäologen selbst gemacht werden. Vor allem Studenten stehen oft vor dieser Notwendigkeit. Daher muss man zumindest die Grundlagen des Fotografierens kennen lernen. Manche Institute, die über einen fest angestellten Fotografen verfügen, veranstalten auch Übungen, die in diesen Fertigkeiten unterweisen sollen.

Abb. 29a: Grabstele der Paramythion aus Athen: München, Glyptothek

In letzter Zeit haben einzelne Archäologen besonders feine fotografische Techniken angewendet. Diese sind vonnöten, wenn z. B. geringste Farbspuren von Malerei auf Marmor oder durch deren Abwitterung hervorgerufene Reste dokumentiert werden sollen.

Abb. 29b: Grabstele der Paramythion im UV-Fluoreszenz-Foto: Man erkennt deutlich die beiden stehenden Figuren am Bauch der Grabvase, die auf dem Relief dargestellt ist. Außerdem treten die Ornamente an der Vase und die aufgerollten Bänder links oben klar hervor. Dieses Verfahren haben V. von Graeve (Bochum), V. Brinkmann (München) und Chr. Wolters (Berlin) entwickelt.

Dabei spielt nicht nur die traditionelle Tages- und Kunstlichtfotografie eine Rolle, sondern es müssen Aufnahmen mit extremem Streiflicht, Infrarot- und UV-Licht hergestellt werden. Der dazu notwendige technische Aufwand kann natürlich nur in einem bezuschussten Forschungsvorhaben zur Verfügung stehen. Am weitesten ist man auf diesem Gebiet an der Ruhr-Universität in Bochum gekommen (Abb. 29 a, b). Doch stellt es der auf diese Weise erzielte Erkenntnisgewinn außer Frage, dass man künftig auf solche Untersuchungsmethoden bei der Erforschung von Skulptur und Malerei nicht wird verzichten können. Auch in dieser Hinsicht ist eine grundsätzliche, zumindest theoretische Information von großem Nutzen.

Manches kann man freilich auch mit den ausgefeiltesten fotografischen Methoden nicht darstellen. Etwa Keramikprofile und Architekturteile können am besten in Zeichnungen wiedergegeben werden. Auch diese Arten technischen Zeichnens kann man in Übungen, die mancherorts für Klassische Archäologen zum Pflichtprogramm gehören, oder durch die Teilnahme an Ausgrabungen erlernen. Bei der Ausbildung von Ur- und Frühgeschichtlern gehören Zeichenübungen sowieso zum Pflichtprogramm. In jüngster Zeit gewinnen auch elektronische Zeichenprogramme immer mehr an Bedeutung.

Die neuen Medien

Die EDV nimmt wie in allen anderen Bereichen des Berufslebens in den Archäologien einen immer größeren Stellenwert ein. Es ist wohl nicht übertrieben, wenn man sagt, dass jeder Absolvent, ob er nun in der Archäologie bleibt oder außerhalb der engeren Fächer tätig wird, mit Computern zu tun haben wird. Es genügt, das Beispiel der Museen zu nennen. Kein Museum wird heute für seine Öffentlichkeitsarbeit auf Seiten im Internet verzichten wollen. Und für die didaktische Information der Museumsbesucher werden zunehmend elektronische Medien in separaten Räumen oder sogar innerhalb der Ausstellungen zur Verfügung gestellt. Berühmt geworden ist eine von einer amerikanischen Computerfirma gesponserte Ausstellung über Pompeji, in der der Besucher virtuell durch die antike Stadt schreiten und stufenlos von der Ruine in die rekonstruierte, also nach dem wissenschaftlichen Stand vermeintlich ursprüngliche Stadt hinüberwechseln konnte.

Angesichts all dessen – das man inzwischen wohl als völlig selbstverständlich bezeichnen kann – verwundert es, dass unter ca. 30 Archäologischen Seminaren in Deutschland nur ein einziges sich entschlossen hat, eine Professur einzurichten, zu deren Aufgaben es gehört, den EDV-Einsatz in der Archäologie zu unterrichten. Kommerzielle Bildungseinrichtungen außerhalb der Universitäten haben sich dieses Manko bereits zunutze gemacht und bieten verstärkt Fortbildungskurse an, in denen Absolventen geisteswissenschaftlicher Fächer ihre Defizite im Umgang mit der EDV kompensieren können, natürlich gegen Zahlung erheblicher Summen.

Es geht hier nicht um den Personal Computer als konventionelles Schreibgerät. In dieser Funktion sind Computer selbst in den Altertumswissenschaften unumstritten. Dasselbe gilt für elektronische Bibliothekskataloge. Doch scheiden sich unter den Archäologen nach wie vor die Geister, wenn es um die Frage nach elektronischen Datenbanken und Publikationsmedien geht. Allerdings sind die Wortgefechte um diese Frage längst überflüssig geworden. Im 19. und in der ersten Hälfte des 20. Jahrhunderts gab es die Möglichkeit, große Mengen archäologischer Funde in beeindruckenden Werken, den so genannten Corpora, zu drucken. Beispielsweise die Veröffentlichungen der Ausgrabungen in Olympia und im kleinasiatischen Pergamon, die noch vor dem Ersten Weltkrieg erschienen sind, konnten mit Geldern der Regierung und aus der Privatschatulle des deutschen Kaisers in dem damals opulentesten Umfang und mit den besten Reproduktionstechniken für Fotos erfolgen. Ein anderes Beispiel ist das Corpus der römischen Sarkophage. Dieses Mammutwerk war im 19. Jahrhundert zunächst mit Zeichnungen begonnen und später mit großformatigen Fotobänden fortgesetzt worden. In leicht reduziertem Maßstab erscheinen derartige Bände bis in die jüngste Gegenwart, natürlich weiterhin mit gewaltigen Subventionen aus öffentlichen Kassen.

Nun sind bei weitem nicht alle Gattungen und Grabungsplätze, die einer solchen Veröffentlichung wert gewesen wären, auch in einer derartig opulenten Form vorgelegt worden. Doch werden neue Projekte sich nicht auf die groß aufgemachten älteren Bände berufen können, und sie werden sich daher, was ihre finanziellen Möglichkeiten angeht, nach der Decke strecken müssen.

Der Ausweg aus dieser Situation liegt auf der Hand: Elektronische Publikationsformen erlauben die Veröffentlichung größter Mengen von Texten und Fotos zu einem enorm günstigen Preis. In der Regel werden für die Veröffentlichung keine Subventionen benötigt, sondern sie können aus dem Verkauf refinanziert werden.

Allerdings sind die Voraussetzungen und Erfordernisse für die Digitalisierung archäologischen Materials und vor allem komplexer Strukturen wie einer Ausgrabung nicht leicht zu bestimmen. Da diese Thematik, wie gesagt, in den Universitäten bisher so gut wie gar nicht diskutiert wird, kann zudem keine wissenschaftliche Debatte um diesen Gegenstand entstehen.

Es ist jedoch klar, dass die Archäologie von dem Einsatz der EDV wesentlich profitieren kann. Das hängt vor allem damit zusammen, dass die archäologischen Objekte ihrer Zahl nach unbeschränkt sind. Bei den laufenden Ausgrabungen nämlich werden ständig neue Objekte und Befunde entdeckt. Daraus resultiert in der Archäologie auch das Verbot, «ex silentio» zu schließen, d. h. aus dem Fehlen irgendeiner Objektklasse oder eines Phänomens. Denn täglich könnte gerade das, was es scheinbar nicht gibt, neu ausgegraben werden. Die ungeheure Vielzahl von Objekten hat dazu geführt, dass man deren Gesamtzahl kaum noch überblicken kann. Gerade darin liegt die Chance für den Einsatz der EDV.

Angesichts der enormen Materialmengen hatten die Archäologen sich nämlich daran gewöhnt, ihre Argumentationsketten anhand von exemplarisch ausgewählten Objekten zu entwickeln. Die EDV könnte den Rückgriff auf eine umfassende Materialbasis ermöglichen. Vor allem wird sie Detailkenntnisse weniger hoch spezialisierter Wissenschaftler bereits den Studierenden zugänglich machen.

Voraussetzung für die Gewinn bringende Nutzung der modernen Medien ist allerdings eine Verschlagwortung der Objekte entsprechend den Kriterien, die üblicherweise und bisher schon in dem jeweiligen Fach verwendet worden sind. Für die Archäologie ist zudem die Einbeziehung von Bildern und Zeichnungen in die Datenbanken von zentraler Wichtigkeit, denn sie erlauben es, die Materialsammlungen, die der Computer auswirft, immer schnell und problemlos zu überprüfen. Die Vorbereitung elektronischer Medien sollte zwar immer möglichst zügig vonstatten gehen. Das bedeutet, man darf nicht erwarten, dass die Versäumnisse der älteren Forschung allein durch die Eingabe in die EDV aufgehoben würden. Doch ist im Zuge der Digitalisierung großer Materialmengen mit einer Systematisierung der Kategorien und vielleicht auch mit der Herstellung neuer Fotografien und zeichnerischer Dokumentation zu rechnen. Auch insofern kann eine breitere Einführung der EDV einen substanziellen Fortschritt für die Archäologie bringen.

Die technischen Voraussetzungen zur Realisierung derartiger Projekte sind überall vorhanden. Medien zur Speicherung großer Datenmengen wie z. B. von Bildern sind zu geringem Preis zu haben. Auch der Zugriff der Computer auf die Festplatten ist ausreichend schnell, um Bilder in Bruchteilen von Sekunden auf den Bildschirm zu rufen, zudem in einer Qualität, die gedruckten Fotos sogar überlegen ist. Lediglich die Übertragung größerer Datenmengen über das Internet macht angesichts der schnell wachsenden Nutzerzahlen noch Schwierigkeiten. Doch ist damit zu rechnen, dass auch dieses Problem in Kürze behoben sein wird.

Augenblicklich jedoch können große Datenmengen, wie sie im archäologischen Bereich unter Einschluss von Bildern anfallen, am besten dezentral über CD-ROM verbreitet und dann auf lokale Computer geladen und dort benutzt werden. Auf diese Weise sind bereits einige Veröffentlichungen zustande gekommen. Zudem sind eine ganze Reihe von archäologischen Projekten auf dem Gebiet der EDV entstanden, die sich darum bemühen, archäologisches Material vorzulegen. Allerdings haben nur wenige davon bereits den entscheidenden Schritt zu einer Veröffentlichung auf CD-ROM oder im Internet getan.

Am meisten wird wohl die Archäologische Bibliographie benutzt, die im Rahmen des DYABOLA-Projekts in München jährlich erscheint. Sie hat die Literatursuche für die Studierenden und die Forschenden seit ihrer Einführung im Jahr 1992 grundlegend verändert.

Dieselbe Firma hat auch eine Datenbank entwickelt, die zur Verwaltung von Objekten und Bildern geeignet ist. Unter diesem System sind bisher zwei Projekte bis zum Erscheinen gebracht worden. Das eine ist eine Datenbank, die unter dem Namen CENSUS Material zur Antikenrezeption und zur Wiederverwendung antiker Objekte in der Renaissance enthält. Über 10 000 Bilder und 33 000 Datensätze benötigen sechs GB Speicherplatz, die auf mehreren CDs geliefert werden.

Die erste archäologische Materialgattung, die nahezu komplett digitalisiert vorliegt, sind die attischen Grabreliefs des 4. Jahrhunderts v. Chr. Es handelt sich um knapp 3000 Datensätze und 4000 Bilder. Das Ganze nimmt ca. 1,5 GB auf drei CDs ein. Die Gattung, die in dieser Datenbank vorgelegt worden ist, gehört zum Proseminarwissen der Klassischen Archäologie. Sie ist das Paradebeispiel, an dem man Stilchronologie lernen kann. Außerdem ist es ein wichtiges Material für ikonographische Fragen. Daher sind bereits erste Versuche unternommen worden, das neue elektronische Hilfsmittel für Seminare nutzbar zu machen. Auch die Forschung kann, wenn dieses Instrumentarium eingesetzt wird, nachhaltig beeinflusst werden.

Die erste Ausgrabung im Mittelmeerraum, die komplett in der EDV vorliegen wird, ist diejenige im kleinasiatischen Milet. Auch die Antikenabteilung der Berliner Museen und die Münchner Skulpturensammlung, die Glyptothek, haben ihre Bestände digitalisiert. Allerdings steht in beiden Fällen noch die Veröffentlichung auf CD-ROM oder im Internet aus.

Neben den archäologischen Projekten sind eine Reihe von Unternehmungen zur Digitalisierung von Inschriften in die Wege geleitet worden. Sie beschränken sich überwiegend auf die einfache Textrecherche, die natürlich eher geringe Anforderungen an die Verschlagwortung stellt. Dabei wären auch für Inschriftencorpora die eigentlich archäologischen Angaben über die Form, die Zurichtung und die ursprüngliche Funktion des Steins, auf dem eine Inschrift steht, von zentraler Wichtigkeit. Denn diese Angaben erlauben oft wesentliche Aufschlüsse über die Funktion der Inschriften etwa als Grab- oder Votivinschrift.

Andere archäologische Projekte haben sich mit der Digitalisierung der Weihreliefs des 4. Jahrhunderts v. Chr. beschäftigt. Besonders ambitioniert sind die Initiativen der Archäologischen Institute in Köln und Wien, die freilich bislang noch nicht zu einem publizierten Abschluss gelangt sind.

Es ist jedenfalls absehbar, dass digitale Bilder und Informationen in Kürze die traditionellen Medien der gedruckten Bilder und der Diapositive ablösen werden. Dasselbe gilt für die digitale Fotografie, die der traditionellen chemischen gerade den Rang streitig macht.

Die Lerntechniken der Archäologiestudenten

Das wichtigste Ziel des Archäologiestudiums, neben der Vermittlung von Grundkenntnissen an Objekten, Grabungsplätzen und Zusammenhängen, ist die Vermittlung der soeben beschriebenen archäologischen Methoden und Arbeitsweisen. Doch wie gehen die Studierenden vor, was tun sie konkret, um einen Einstieg in ihr Studium zu erreichen?

Natürlich wird von Seminar zu Seminar und von Dozent zu Dozent Verschiedenes verlangt und auf unterschiedliche Aspekte verschieden stark Wert gelegt. Doch kann man davon ausgehen, dass überall die Einübung des Sehens und Beschreibens einen breiten Raum einnimmt. Es ist schon davon die Rede gewesen, dass der Umgang mit Visuellem in den Schulen trotz der zunehmend visuellen Kommunikationsweisen unserer Gesellschaft nur am Rande geübt wird. Daher gehört es zu den ersten und wichtigsten Aufgaben der Archäologiestudenten, kritisches und sensibles Sehen zu lernen. Dazu gehört auch, sich über längere Zeit auf ein bestimmtes Objekt oder ein visuelles Phänomen zu konzentrieren und dieses in allen seinen Aspekten optisch zu erfassen. Ebenso wichtig wie das Sehen selbst ist es, das Beobachtete adäquat in Worte zu fassen. In denjenigen Instituten, die über Abgusssammlungen oder Universitätsmuseen mit Originalsammlungen verfügen, werden meist diese Hilfsmittel gerade für Übungen im Sehen und Beschreiben Gewinn bringend eingesetzt.

Andere wichtige Fertigkeiten dienen der Dokumentation, etwa technisches Zeichnen von Vasen, Gefäßprofilen, wie es für die Ur- und Frühgeschichtler besonders wichtig ist, und von Architekturteilen oder anderen graphisch darzustellenden Befunden. Die ur- und frühgeschichtlichen Institute bieten regelmäßig Übungen im Scherbenzeichnen an, in denen auch die Studierenden der anderen Archäologien diese Fertigkeit lernen können. Manche klassisch archäologischen Universitätsmuseen unterbreiten ebenfalls solche Lehrangebote.

Dazu kommt natürlich auch die Fotografhie, die ein wichtiges Medium für die Darstellung der Befunde und vor allem der Objekte nahezu jeglicher Art ist. Grundkenntnisse kann man in manchen Seminaren durch das Angebot der an den Instituten beschäftigten Fotografen erwerben.

Die wichtigsten primären Lerntechniken sind das Lesen, Exzerpieren und Verzetteln des Lernstoffs. Die Studierenden sollen einen großen Teil ihrer Zeit in den Seminarbibliotheken verbringen und die dort vorhandene Spezialliteratur lesen, auch außerhalb von konkreten Aufgaben für Seminare und Seminararbeiten.

Allerdings genügt es nicht, einfach die in den Lehrveranstaltungen angegebene Literatur zu lesen, denn dies sind meist nur die neuesten oder zentralen Beiträge zur wissenschaftlichen Diskussion. Dagegen muss man lernen, die älteren Bücher und Aufsätze zu demselben Thema zu finden, also das Bibliographieren. Das ist für die Ausarbeitung der Referate ebenso wichtig wie für das Selbststudium. Dazu gibt es in der elektronischen Bibliographie DYABOLA, die die archäologische Literatur seit 1956 erfasst, ein wichtiges, elektronisches Hilfsmittel. Doch muss man zusätzlich gedruckte Bibliographien, aktuelle Lexika und andere Mittel zur Suche nach der älteren Literatur kennen lernen.

Was die archäologischen Bibliotheken angeht, ist die Lage von Universität zu Universität sehr verschieden. Ältere Hochschulen sind mit umfangreichen Seminarbibliotheken ausgestattet. Das bedeutet, die archäologischen Bücher befinden sich in kleinen Spezialbibliotheken für jedes einzelne archäologische Fach. Das klingt zunächst einmal sehr partikularistisch, hat aber entscheidende Vorteile. Die Seminarbibliotheken können in jeder Hinsicht auf den Bedarf der darin arbeitenden Studierenden und Wissenschaftler hin organisiert werden. Alle Bücher sind dort freihand aufgestellt und können nach kurzer Eingewöhnung ohne Bibliothekskatalog aufgefunden werden. Das erspart oft tagelanges Warten auf magazinierte Bücher der Zentralbibliotheken, das besonders hinderlich ist, wenn es nur darum geht, z. B. in einem alten Buch eine einzige Abbildung zu kontrollieren. Allerdings sind derartige Seminarbibliotheken reine Präsenzbibliotheken, aus denen die Bücher nicht ausgeliehen werden können.

Besonders in neueren, nach dem Zweiten Weltkrieg gegründeten Universitäten gibt es manchmal ausschließlich Zentralbibliotheken oder geisteswissenschaftliche Bibliotheken vieler derartiger Fächer. Auch sie sind oft mit großen Freihandbereichen organisiert und recht gut benutzbar. Allerdings liegt in der enorm schnellen Benutzbarkeit einer guten Seminarbibliothek ein nicht zu überschätzender Vorteil für Studium und Forschung.

Einen Nachteil haben natürlich immer noch die Bibliotheken an den Universitäten im Gebiet der ehemaligen DDR. Dort konnte 40 Jahre lang nur sehr selektiv die Literatur aus dem westlichen Ausland gekauft werden. Daher sind in der Zeit nach 1990 enorme

Summen für den Nachkauf der fehlenden Literatur investiert worden. Dadurch sind die schlimmsten Lücken wohl geschlossen worden, und vielerorts findet man auch in Ostdeutschland für die Lehre ausreichend ausgestattete Bibliotheken. Wenn man dort jedoch archäologische Forschung betreibt, stößt man meist schnell an die Grenzen der Möglichkeiten.

Inzwischen sind die Sondermittel ausgegeben, und aus den laufenden Etats können die verbliebenen, noch immer gewaltigen Lücken wohl nirgendwo vollständig geschlossen werden. Eine Möglichkeit läge darin, elektronische Materialsammlungen und Editionen herzustellen, die zumindest den Zugriff auf exemplarische Objekte eröffneten. Diese Chance scheint an den ostdeutschen Universitäten freilich noch nicht voll erkannt worden zu sein. Es ist jedoch zu erwarten, dass durch diese und andere Hilfsmittel die Situation an den ostdeutschen Universitäten sich zunehmend verbessern wird.

Damit ist erneut der Computer als Lehr- und Lernmedium angesprochen. Viele Studierende können mit diesem Hilfsmittel heute besser umgehen als ihre Dozenten und Professoren. Daher werden elektronische Datenbanken künftig zweifellos gedruckte Corpora ersetzen. Und schon heute spielt die Beschaffung von Informationen über das Internet eine nicht zu unterschätzende Rolle. Allerdings ist das Informationsangebot im Netz häufig noch nicht auf dem letzten Stand der Wissenschaft, zumal sich dort vieles eher an die breite Öffentlichkeit wendet als an Fachleute wie Archäologen und Archäologiestudenten. Dennoch werden viele Neufunde aus laufenden Ausgrabungen heute zuerst im Internet publiziert und über die archäologischen Diskussionsforen bekannt gemacht. Schon deshalb sind Grundkenntnisse im Gebrauch von Computern und in der Nutzung des Internet für die Studierenden unerlässlich.

Zu den zentralen Aufgaben der Studierenden gehört es schließlich, in den ersten Semestern die noch fehlenden Fremdsprachen, vor allem Latein und Griechisch, aber auch die modernen Wissenschaftssprachen zu erlernen. Außerdem muss man sich natürlich Grundkenntnisse der Fächer selbst aneignen. Beispielhaft seien einige wichtige Wissensgebiete aus der Klassischen Archäologie genannt.

Antike Denkmälerkunde nach Gattungen:
- Skulptur
- Porträt
- Architektur
- Vasen- und Wandmalerei
- Mosaiken
- Kunsthandwerk wie Keramik, Terrakotten, Bronzen, Schmuck, Münzen usw.
- Topographie wichtiger antiker Orte und Grabungsplätze wie:
• Athen
• Rom
• Pompeji
• Pergamon
• Olympia
• Delphi
- Griechische und Römische Geschichte
- Antike Mythologie: die antiken Geschichten von den Göttern und zugleich deren Darstellung in den Bildwerken
- Antike Literaturgeschichte, vor allem die archäologisch besonders relevanten Autoren in Übersetzung wie:
• Homer
• Herodot
• Pausanias
- Cicero (Reden gegen Verres)
- Plinius d. J. (besonders die Bücher 34–36 der *naturalis historia*).

4. Die Archäologie der Griechen und Römer: intellektuelle Strömung, gesellschaftliches Leitbild, Kulturwissenschaft

Schon in der Antike hat man sich manchmal gewundert, dass bei Ausschachtungen für Fundamente oder beim Schaufeln von Gräbern merkwürdige altertümliche Gegenstände zutage kamen. Thukydides, der Historiker, der am Ende des 5. Jahrhunderts v. Chr. eine Geschichte des peloponnesischen Kriegs, also der katastrophalen Auseinandersetzung zwischen Athen und Sparta, schrieb, berichtet von einer solchen Gegebenheit. Er beginnt sein historisches Werk mit einem großen Durchgang durch die griechische Frühgeschichte. Darin behauptet er, die griechischen Inseln des ägäischen Meeres seien vor der Zeit des Kriegs gegen Troja, den Homer beschreibt, von Phöniziern und Karern bewohnt gewesen. Die Karer sind ein Volk, das im Südwesten der Türkei lebte, die Phönizier dagegen siedelten in der Gegend des heutigen Libanon.

Zum Beleg für seine Behauptung argumentiert Thukydides im besten Sinne archäologisch. Als nämlich die Athener die heilige Insel Delos, in der Mitte der Ägäis, am Ende des 5. Jahrhunderts v. Chr. von allen Gräbern reinigten, habe man bemerkt, dass über die Hälfte davon karisch gewesen sei. Das habe man an den typischen Rüstungen und dem noch heute in Karien üblichen Grabbrauch erkennen können.

Allerdings kann diese frühe Ausgrabung nicht gerade als die Geburtsstunde der Archäologischen Wissenschaft bezeichnet werden. Denn es fehlen viele charakteristische Elemente unserer neuzeitlichen Beschäftigung mit antiken Funden. So handelte es sich bestenfalls um zufällige Funde, und man hat sich nicht dafür interessiert, wann eigentlich die merkwürdigen alten Gegenstände entstanden sind. Zudem werden sie nicht gesammelt und ins Museum gestellt.

Überhaupt kann man sagen, dass zufällige Funde von Altertümern nicht direkt archäologische Beschäftigung hervorrufen. Vielmehr ist die Voraussetzung dafür, dass Archäologie entstehen kann, immer ein konkretes Interesse an den alten Kulturen.

Das kann am Beginn der Grabungen in Pompeji und Herculaneum besonders schön deutlich gemacht werden, den im Jahr 79
n. Chr. vom Vesuv verschütteten Städten. Zwar hatten die Bewohner Pompejis, denen die Flucht vor den Eruptionsmassen des Vul-
kans gelungen war, gleich nach der Katastrophe versucht, ihre
Habseligkeiten aus den verschütteten Häusern zu bergen. Manchmal mögen es auch Plünderer gewesen sein, die sich unter den
Trümmern reiche Beute erhofften. Davon zeugen in die Verschüt-
tungsmassen gegrabene Stollen und einige Kritzeleien an den
Wänden der Zimmer, die man bei den Ausgrabungen gefunden
hat. Doch wurden die beiden Städte niemals wieder aufgebaut,
sondern die überlebenden Bewohner siedelten sich in anderen
Städten an, und die Kenntnis über Pompeji und Herculaneum ging
bald verloren.

Die verschütteten Städte wurden erst viele Jahrhunderte später
wieder entdeckt, und zwar rein zufällig. Es geschah anlässlich von
Ausgrabungen, deren Ziel es überhaupt nicht war, die römischen
Städte freizulegen. Im Jahr 1592 wurde ein Wasserkanal zufällig
mitten durch das antike Stadtgebiet von Pompeji gegraben, der
sogar über das Forum der antiken Stadt führte. Man entdeckte
einige Münzen und Inschriften, doch niemand kam auf den Gedanken, der Herkunft dieser zufälligen Funde nachzugehen oder
nach dem Namen der antiken Ortschaft zu fragen, auf die man ge-
stoßen war.

Es dauerte noch mehr als 100 Jahre, bis die Grabungen mit dem
Ziel in Gang kamen, die beiden Städte tatsächlich freizulegen. Seit
1738 grub man zunächst in Herculaneum, seit 1748 dann auch in
Pompeji. Dies geschah in einem sehr veränderten Klima, das für
planmäßige Ausgrabungen und vor allem für eine gezielte Suche
nach antiken Kunstwerken offen war.

Antike im Mittelalter: zwischen Bewunderung und Phantasie

Natürlich hatte man sich bereits im Mittelalter und in der Renaissance mit der Antike auseinander gesetzt. Dabei spielten vor allem
die überlieferten griechischen und lateinischen Texte eine Rolle.

Doch haben die Künstler der Renaissance wie Raffael und Michelangelo intensiv die antiken Kunstwerke studiert, die man besonders in Rom sehen konnte.

Dem Umgang mit den antiken Monumenten seit dem Mittelalter widmet sich eine kaum mehr überschaubare Fülle von moderner Literatur. Vielleicht kann man die sich verändernde Art der Annäherung an die Antike und ihre Rezeption am besten an der berühmtesten antiken Statue deutlich machen, die bis heute in Rom zu sehen ist, nämlich die Reiterstatue des römischen Kaisers Marcus Aurelius (Regierungszeit: 161–180 n. Chr.). Die Statue aus vergoldeter Bronze kann, seitdem Michelangelo sie 1538 auf Geheiß des Papstes Pauls III. neu aufgestellt hat, auf dem Kapitolsplatz im Zentrum des antiken wie auch des modernen Rom bewundert werden. Unzählige Reisende haben sie dort gesehen (Abb. 30).

Ein Teil des Ruhms der Figur rührt daher, dass sie zu den wenigen antiken Statuen gehört, die niemals unter die Erde geraten sind, sondern sie stand immer aufrecht und war sichtbar. Dass sie nicht der Metallarmut der Spätantike und des Frühmittelalters zum Opfer fiel und eingeschmolzen wurde, hängt damit zusammen, dass man sie als Statue des Kaisers Konstantin (Regierungszeit: 306–337 n. Chr.) ansah, der als erster römischer Imperator das Christentum angenommen hatte. So konnte sie an ihrem Standplatz bei dem alten päpstlichen Lateranspalast die Zeiten weitgehend unversehrt überdauern.

Freilich rankt sich um die Figur eine Reihe von mittelalterlichen Legenden, die für den Umgang des Mittelalters mit den antiken Hinterlassenschaften charakteristisch sind. Die Mirabilia Urbis Romae, eine Beschreibung der Stadt Rom aus dem 12. Jahrhundert, widerspricht der Deutung der Statue auf Konstantin. Stattdessen entwickelt der Autor eine eigenständige, sehr phantasievolle Interpretation anhand der Darstellungselemente, die er an der Figur wahrnahm. Es handle sich um einen «Armiger», der «in der Zeit der Consuln und Senatoren» Rom von einer Belagerung befreit habe. Um den mittelalterlichen Standort zu erklären, verlegt er die Geschichte in die Nähe des Lateran. Dort habe der Armiger zu Pferd den feindlichen König gefangen genommen. In dieser Geschichte findet also nicht nur das Pferd, auf dem der Reiter sitzt, eine sinnvolle Erklärung, sondern auch die Figur eines unterlege-

Abb. 30: Reiterstatue des Kaisers Marc Aurel: Sie wurde 1538 von Michelangelo auf dem Kapitol in Rom aufgestellt. Nachdem die Figur aus vergoldeter Bronze mehr als 1800 Jahre im Freien gestanden hatte, war sie durch Umwelteinflüsse so stark beschädigt worden, dass sie 1981 vom Kapitolsplatz entfernt werden musste. Schließlich wurde dort eine Kopie der Statue aufgestellt. Das Foto zeigt die Kopie nach ihrer Enthüllung am 2750. Geburtstag der Stadt Rom (21. April 1997).

nen, wohl als Barbar dargestellten Gegners, die sich bis ins Mittelalter unter dem angehobenen Vorderhuf des Pferdes befand (vgl. Abb. 28), später aber entfernt wurde. Charakteristisch an dieser

Geschichte ist, dass sie legendenhaft und ohne jede Untermauerung etwa aus antiken Texten frei und willkürlich um die Darstellung der Reiterstatue gesponnen ist.

Der historische Ansatz der Renaissance

Erst im 16. Jahrhundert haben gelehrte Humanisten versucht, die wirkliche Identität des Dargestellten zu ermitteln. Dabei ging man davon aus, dass es sich wohl um einen Kaiser handeln müsse. Den versuchte man anhand von antiken Bilddokumenten mit Namensbeschriftungen zu ermitteln, nämlich den römischen Münzen. Sie zeigen auf der Vorderseite fast durchweg das Bildnis des regierenden Kaisers, umgeben von seinem Namenszug. Es ist ziemlich unerheblich, dass man auf diese Weise zunächst zu dem Ergebnis kam, die Statue stelle Antoninus Pius (Regierungszeit: 138–161 n. Chr.), den Vorgänger Marc Aurels, dar. Denn auch der trug lockiges Haar und einen langen Bart, und der ungeübte Betrachter kann noch heute beide Kaiser in ihren Bildnissen leicht verwechseln. Entscheidend war die Methode, den Dargestellten anhand authentischer, antiker Dokumente zu identifizieren, anstatt der Phantasie freien Lauf zu lassen.

Johann Joachim Winckelmann und seine Zeit

Die Geburtsstunde der modernen Archäologie liegt freilich erst in der zweiten Hälfte des 18. Jahrhunderts, und sie war zunächst einmal Kunstarchäologie. Ihre Entstehung ist eng mit dem Namen Johann Joachim Winckelmanns (1717–1768) verbunden (Abb. 31). Winckelmann stammte aus einfachsten Verhältnissen. Er war der Sohn eines Schuhmachers aus Stendal. Er wurde Chorschüler, was ihm die Möglichkeit eröffnete, Latein und Griechisch zu lernen und später an der Universität in Halle Theologie, Hebräisch und Geschichte zu studieren. Nachdem er sich lange Jahre als Hoflehrer durchgeschlagen hatte, wurde er 1748 Bibliothekar des Reichsgrafen Bünau in Nöthnitz bei Dresden. Die Nähe des sächsischen Hofs mit seinen internationalen Beziehungen u. a. nach Italien und den

Abb. 31: Johann Joachim Winckelmann (1717–1768). Gemälde von Anton von Maron, um 1766, Goethe-Museum Düsseldorf, Anton und Katharina Kippenbergstiftung

dort anwesenden Künstlern wusste Winckelmann sich zunutze zu machen. So lernte er den päpstlichen Nuntius, den Kardinal Archinto, kennen, der ihn zu Beginn seines Romaufenthalts seit 1755 förderte.

In Rom angekommen, gelang dem Schusterssohn aus Stendal ein schneller Aufstieg: päpstlicher Bibliothekar, dann päpstlicher Antiquar, schließlich Präsident aller römischen Altertümer. Seine Ausstrahlung von Rom aus war so groß, dass Winckelmann bald auch in zahlreiche in- und ausländische Akademien aufgenommen wurde.

Winckelmanns Ruhm beruhte auf seinen Schriften, nicht zuletzt auf seiner 1764 erschienenen «Geschichte der Kunst des Altertums». Sie war die erste umfassende Darstellung der antiken Kunst. Nach dem Vorbild des antiken Autors Plinius, der in seiner Naturgeschichte eine ausführliche Beschreibung der antiken Künstler gegeben hatte, erarbeitete Winckelmann eine Kunstgeschichte anhand der aus der Antike erhaltenen und ihm bekannten Kunstwerke. Das war ein großer Wurf und grundlegend für die Kunstarchäologie des 19. wie auch des 20. Jahrhunderts.

Noch eine zweite Leistung Winckelmanns war zukunftsträchtig. Die wenigsten seiner Leser konnten es sich leisten, nach Rom zu reisen, um die Antiken, von denen Winckelmann schrieb, dort auch tatsächlich anzusehen. Und wohl niemand hatte die Möglichkeit, eine auch nur annähernd gleich umfangreiche Denkmälerkenntnis zu erwerben. Das meiste, was Winckelmann beschrieb, war unveröffentlicht und für den zeitgenössischen Leser außerhalb Roms daher visuell nicht erfahrbar. Daher entschloss er sich zu einem weiteren großen Werk, den «Monumenti antichi inediti» (Unpublizierte Denkmäler der Antike). Darin wurden antike Skulpturen in Zeichnungen veröffentlicht und damit außerhalb Roms erstmals zugänglich gemacht. Die Veröffentlichung antiker Denkmäler gleich welcher Art bildet bis heute eine der zentralen Aufgaben der Archäologie, denn alles, was unveröffentlicht bleibt, eignet sich weder zur Erweiterung der Kenntnisse noch zur Untermauerung wissenschaftlicher Thesen und Theorien.

Bei aller Vorbildhaftigkeit stand Winckelmann in vielem doch vollkommen am Anfang, und vieles sollte wenige Jahrzehnte später durch neue Entdeckungen auf eine wesentlich veränderte Grundlage gestellt werden.

Winckelmann selbst war nie nach Griechenland gekommen. In Rom konnte er nur wenige originale griechische Skulpturen sehen, die bereits in der Antike dorthin gebracht worden waren. Manches davon hielt er gar nicht für griechischen Ursprungs, sondern für etruskisch. Die römischen Kopien griechischer Meisterwerke, die er in Rom in großer Zahl vorfand, hielt er durchweg für Originale griechischer Skulpturen. Und selbst die griechischen Vasen, die in den etruskischen Gräbern unweit von Rom entdeckt wurden und die doch den größten Schatz griechischer Originale in Italien bilden, konnte Winckelmann noch nicht als griechische Arbeiten erkennen.

Erst zu Beginn des 19. Jahrhunderts wurden die Statuen in Rom als Kopien nach griechischen Originalen erkannt, die Vasen in Etrurien dagegen als Import aus Griechenland und so fort. Diese Einschränkungen können Winckelmanns Leistung freilich nicht schmälern. Seine Wirkung vor allem auf lange Sicht war enorm.

Die Entwicklung der klassischen Studien in der zweiten Hälfte des 18. Jahrhunderts war rasant. Viele Texte und Denkmäler wurden erstmals veröffentlicht, man begann, im modernen Sinn wissenschaftlich zu argumentieren. Doch hat diese Entwicklung neben der geistesgeschichtlichen zugleich eine sozialgeschichtliche Facette. Erstaunlicherweise kam eine ganze Reihe der Archäologen dieser Zeit aus einfachsten Verhältnissen. Winckelmann war, wie gesagt, der Sohn eines Schusters. Christian Gottlob Heyne (1729–1812), der seit 1763 Professor für Poesie und Beredsamkeit in Göttingen war und dort als einer der Ersten Vorlesungen über antike Kunst hielt, war als Sohn eines Webers in Chemnitz geboren worden. Aloys Hirt, der Wegbereiter des Berliner Antikenmuseums, des späteren Pergamonmuseums, kam als Sohn eines Bauern bei Donaueschingen zur Welt.

Alle drei waren bei ihrer wissenschaftlichen Karriere und zur Realisierung ihrer Ideen auf die Protektion durch königliche und fürstliche Herren angewiesen. Vor allem Heyne gelang es jedoch durch die Berufung auf die Professur in Göttingen, sich aus diesen Zwängen zu befreien und ökonomisch unabhängig zu werden. Zur Unabhängigkeit von fürstlicher Protektion trugen auch die keineswegs geringen Honorare bei, die die Verleger an die Autoren wissenschaftlicher Bücher zahlten. Der Göttinger Altertumswissenschaftler Carl Otfried Müller (Abb. 33) konnte sich in der ersten Hälfte des 19. Jahrhunderts von dem Honorar allein für ein Buch ein stattliches Haus bauen lassen, das auf einem ziemlich großen Gartengrundstück lag.

Die wirtschaftliche Unabhängigkeit war von zentraler Bedeutung für die emporkommende Altertumswissenschaft und namentlich für die Archäologie. Denn die Kenntnis und vor allem der Besitz von Antiken waren bis dahin ein landesherrliches Vorrecht gewesen. Antikensammlungen in Mannheim, Dresden, Kassel oder Berlin waren zunächst einmal fürstliche Sammlungen, die nicht der Öffentlichkeit zugänglich waren. Die Publikationstätigkeit Winckelmanns bedeutete daher den Ausgangspunkt dafür, die antiken Statuen und Kunstwerke einem breiteren Publikum bekannt zu machen.

Zu Vermittlern mit Breitenwirkung konnten auch die Sammlungen von Gipsabgüssen antiker Skulpturen werden. Die erste Sammlung dieser Art hatte Heyne begonnen, in Göttingen anzulegen (Abb. 32). Ihr folgten schnell weitere an anderen Universitäten, namentlich in Bonn und Berlin.

Abb. 32: Sammlung von Gipsabgüssen nach antiken Statuen. Die Kopien geben die antiken Vorbilder detailgenau im Format 1:1 wieder. Göttingen, Archäologisches Institut der Georg-August-Universität, Saal der hellenistischen Skulpturen.

Die an den Universitäten angesiedelten Altertumswissenschaftler setzten freilich andere Akzente als Winckelmann. So verlangten sie einen differenzierteren Umgang mit den Quellen. Heyne in Göttingen brachte seine Forderung in dem Diktum auf den Punkt: «mehr Wissenschaftlichkeit statt Enthusiasmus».

Carl Otfried Müller und die historische Landeskunde

Ein Facette dieser rationalen Richtung entstand aus der historisch-philologischen Forschung und zielte auf die historische Topographie der klassischen Länder. Ihr Exponent war der Göttinger Professor für Philologie, Archäologie und Eloquenz Carl Otfried Müller (1797–1840) (Abb. 33). Müller war durch ein reiches wissenschaftliches Werk hervorgetreten, in dem vielfach die Landschaft eine Rolle spielte, in der die Geschichte, der Mythos oder die Kunst beheimatet waren. Müller arbeitete an einer Geschichte der griechischen Stämme, also gewissermaßen einer an den Bewohnern der verschiedenen griechischen Landschaften orientierten Geschichtsdarstellung.

Diesem Interesse konnte er besonders intensiv auf seiner Reise nach Italien und Griechenland nachgehen (1839/40), auf der er 1840 in Athen den Tod gefunden hat, an einem Fieber sowie tragischerweise einem Hitzschlag, den er beim Abschreiben von Inschriften in Delphi erlitten hatte. Im Verlauf dieser Reise besuchte Müller in Griechenland viele antike Stätten, die er aus der Literatur kannte, und suchte dort, manchmal als Erster überhaupt, nach den Resten, die man oberirdisch noch feststellen konnte. Gelegentlich hat er auch kleinere Ausgrabungen durchgeführt. Groß angelegte Ausgrabungen lagen jedoch nicht in seiner Absicht, wohl auch noch nicht im Trend dieser Zeit. Vieles hat Müller als Erster und bis heute Einziger aufgenommen, gezeichnet oder kartiert. Die Methode, die Müller angewendet hat, findet eine Fortsetzung in der heutigen historischen Landeskunde und in der Survey-Archäologie.

Die Positionen, für die die bisher genannten Wissenschaftlerpersönlichkeiten stehen, werden in mehrfacher Brechung bis heute tradiert. Zuweilen werden sie von einzelnen Personen gleichzeitig

122

Abb. 33: Carl Otfried Müller (1797–1840). Gemälde von Carl Oesterley, Privatbesitz

vertreten, zuweilen jedoch entwickelt sich ein Mainstream, der für die jeweilige Zeit als prägend angesehen werden kann. So hat sich gerade in jüngster Zeit ein gewisser Gegensatz zwischen einer Kunstarchäologie traditioneller Art und einer landeskundlichen Richtung aufgetan.

Neue Institutionen der Altertumswissenschaft im 19. Jahrhundert

Die klassischen Studien gewannen im Laufe des 19. Jahrhunderts zunehmend an Bedeutung. Eine Schlüsselstellung nahm das humanistische Gymnasium ein, das zu der zentralen Bildungsstätte der Eliten besonders in Preußen wurde. Auf den Unterricht in den klassischen Sprachen, Latein und Griechisch, wurde größter Wert gelegt. Ja man kann sagen, dass ihre Kenntnis für den Aufstieg in gesellschaftlich führende Positionen und in die staatliche Verwaltung unabdingbare Voraussetzung war. Von dieser Situation profitierte auch das Interesse an der antiken Kunst und namentlich an der Archäologie. Im Laufe des 19. Jahrhunderts wurden an den Universitäten neben den philologischen Lehrstühlen zunehmend auch archäologische eingerichtet. Vielerorts wurden archäologische Seminare und Institute gegründet.

Auch die in Rom anwesenden Wissenschaftler, Altertumsfreunde und Künstler organisierten sich in jener Zeit in dem 1829 gegründeten Istituto di Corrispondenza Archeologica (Institut für Archäologische Korrespondenz). Es hatte seinen Sitz im Gebäude der preußischen Gesandtschaft auf dem römischen Capitol (Abb. 34), also nur wenige Schritte von dem Reiterstandbild des Kaisers Marc Aurel entfernt; doch es war keine Einrichtung des preußischen Staats und konnte auch ohne finanzielle Zuwendungen der öffentlichen Hand existieren. Zudem besaß es keinen nationalen, preußischen oder deutschen Charakter, zumal es in diesen Jahren ja noch keinen deutschen Nationalstaat gab. Vielmehr stand das Istituto in der preußischen Gesandtschaft allen Klassizisten, Künstlern und am Altertum Interessierten aus allen Nationen offen. Diplomaten europäischer Mächte, Literaten, Künstler und Gelehrte waren seine Mitglieder.

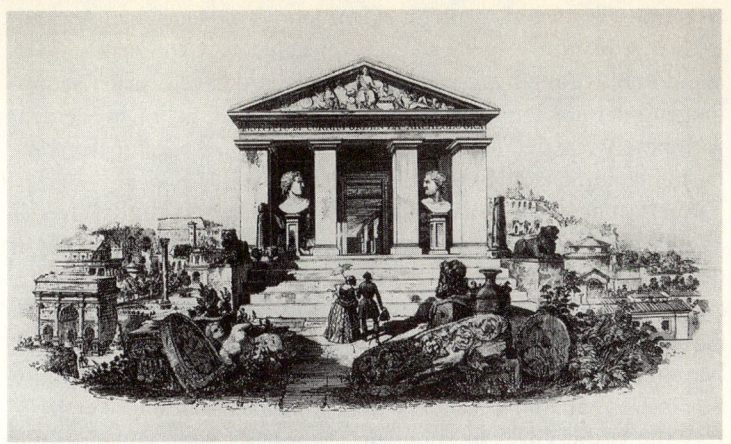

Abb. 34: Das Gebäude des Istituto di Corrispondenza Archeologica auf dem Kapitol in Rom, errichtet 1835. Das Institut wurde von der preußischen Botschaft beim Heiligen Stuhl beherbergt. Dennoch war es eine internationale Einrichtung, die Wissenschaftler, Künstler und Interessierte aus vielen europäischen Ländern als aktive Mitglieder hatte.

Goethe zählte ebenso dazu wie der dänische Bildhauer Thorvaldsen, die Architekten Schinkel und Klenze oder der Bildhauer Rauch.

Nationale Vereinnahmung und archäologische Großprojekte

Bald nach der Mitte des 19. Jahrhunderts deutete sich jedoch eine Nationalisierung der klassischen und altertumswissenschaftlichen Studien an. Seit 1859 übernahm der preußische Staat die Unterhaltskosten für das Istituto in Rom. Dadurch erwuchsen der Einrichtung, die zunächst eine Art Gesprächskreis gewesen war, völlig neue Möglichkeiten. In demselben Jahr wurde das Reisestipendium erstmals verliehen, das jungen, promovierten Altertumswissenschaftlern seinerzeit die Möglichkeit gab, zum ersten Mal in die klassischen Länder des Mittelmeerraums und besonders nach Rom zu reisen. Es wird bis heute in jedem Jahr vom Deutschen Archäologischen Institut vergeben. Auch verschiedene Großprojekte, vor allem Publikationen antiker Monumente in den römischen Sammlungen oder aus Pompeji, konnten auf den Weg gebracht werden. Auf diese Weise gelang ein weiterer wichtiger Schritt zur Bekanntmachung antiker Objekte.

Auch andere europäische Nationen haben seit der Mitte des 19. Jahrhunderts damit begonnen, archäologische Institutionen in den Ländern des Mittelmeerraums zu gründen. Bereits 1846 war ein französisches Kulturinstitut in Athen gegründet worden. Bald darauf gerieten diese in den Strudel des internationalen Wettstreits. Nationale Bedeutung gewann die Archäologie mit ihren Institutionen in Deutschland besonders seit der Reichsgründung von 1871. Das alte Istituto di Corrispondenza wurde dadurch von einer mit preußischen Mitteln geförderten Einrichtung zu einem Reichsinstitut mit einem wachsenden Stab hauptamtlicher Mitarbeiter. So wurden neue, staatlich finanzierte Großprojekte möglich, vor allem die Ausgrabungen in Olympia.

Olympia und der Beginn der großen Ausgrabungen

Die Idee einer Ausgrabung in Olympia hatte schon Winckelmann umgetrieben, er dadurch eine große Zahl originaler griechischer Meisterwerke zu finden hoffte. Denn davon berichten die antiken Autoren, vor allem Pausanias, der Reiseschriftsteller des 2. Jahrhunderts n. Chr. Das Interesse an Olympia als potentiellem Grabungsort gründete also auf Berichten aus der antiken Literatur. Das war während des 19. Jahrhunderts meist der Fall. Daher hat man von der philologischen Phase der Archäologie gesprochen.

Doch war Winckelmann nie selbst nach Griechenland gelangt. Es blieb daher Ernst Curtius (1814–1896) vorbehalten, dem großen Projekt einer Grabung in Olympia den Weg zu ebnen. Curtius war bereits 1838 zuerst in Olympia, als man noch nichts von der Ruinenstätte sehen konnte, weil die beiden daran vorbeifließenden Flüsse, Kladeos und Alpheios, alles mit ihrem Schwemmgut zugedeckt hatten. Doch formulierte er erst viel später die Idee, die Stätte der antiken olympischen Spiele auszugraben.

Curtius wurde Professor in Göttingen, wo er eine viel gelesene Griechische Geschichte schrieb (1857–1867). 1868 kam er an die Berliner Universität und wurde dort zugleich Direktor des Antikenmuseums. Er unterhielt enge Beziehungen zur Berliner Gesellschaft und zum Hof. Dadurch gelang es ihm, staatliche Mittel einzuwerben, und seit 1875 wurde in Olympia ausgegraben.

Die Summen, die ein solches Großprojekt verschlang, waren schon damals enorm. Doch der Reichstag bewilligte immer wieder die notwendigen Mittel, und wenn die nicht reichten, sprang der Hof nicht selten mit seinen finanziellen Möglichkeiten ein. Zwar war man bald enttäuscht, dass die in der antiken Literatur erwähnten Statuen überwiegend verloren gegangen waren; doch man veröffentlichte die zahllosen Funde an kleineren Weihgaben aus Bronze oder Ton, die Gebäude und die Giebelskulpturen des gewaltigen Zeustempels in großformatigen, nicht minder teuren Veröffentlichungen.

Heinrich Schliemann: Hobbyarchäologe mit glänzendem Erfolg

Damit begann eine Entwicklung, deren zweiter Höhepunkt die Ausgrabung auf der Burg von Pergamon in Kleinasien war. Zuvor muss freilich noch ein anderer Name erwähnt werden, der in dieser Phase der Archäologie nicht fehlen darf, nämlich derjenige Heinrich Schliemanns (1822–1890) (Abb. 35). Er war kein akademisch ausgebildeter Archäologe, sondern ein reich gewordener Kaufmann, der seine Ausgrabungen in Troja und Mykene als Privatmann betrieb und selbst bezahlte. Am Ende jedoch stiftete er den schönsten Teil seiner Funde aus der Türkei den Berliner Museen, von wo sie am Ende des Zweiten Weltkriegs verschwanden, um erst Anfang der neunziger Jahre in den Depots des Moskauer Puschkin Museums wieder entdeckt zu werden.

Es hängt mit Schliemanns Image als Privatier zusammen, dass um die Bewertung seiner Person als Archäologe bis in die Gegenwart gestritten wird. Natürlich hat er auch Nachahmer gefunden, doch hat gewiss nicht jeder Privatarchäologe das Zeug, ein neuer Schliemann zu sein!

Abb. 35: Heinrich Schliemann (1822–1890). Fotografie.

Sein Ansatz war innovativ. Das gilt insbesondere dafür, dass er vor allem Homers Texten Glauben schenkte. Auch seine archäologischen Methoden waren richtungweisend. So betrieb er als einer der Ersten Tiefgrabungen, die unter die oberen oder besonders ergiebigen Fundhorizonte hinabführten. Dabei gelang es ihm und seinen Mitarbeitern, eine frühe Form stratigraphischer Schichtbeobachtungen zu entwickeln. Und schließlich publizierte er, was er fand.

In den meisten seiner Schlüsse jedoch irrte Schliemann, wie man wenig später entdeckte. So schrieb er die ansehnlichsten seiner Funde weitgehend ungeprüft der Epoche zu, nach der er jeweils mit besonderem Nachdruck suchte. Der Goldschatz, den er in Troja entdeckte, wurde schnell zum Schatz des Königs Priamos erklärt, der in Homers Epen als Herrscher über Troja regiert. Und die Goldmasken aus den Gräbern Mykenes stammten nach Schliemanns Vorstellung ebenfalls aus der Zeit des Kriegs gegen Troja und wurden von ihm leichtfertig dem König Mykenes, Agamemnon, zugeschrieben.

Schliemanns Vorgehen zeigt, wie ertragreich es für den Archäologen sein kann, sich von den antiken Textquellen leiten zu lassen. Zugleich wird jedoch klar, dass man für die Verbindung eines Fundobjekts mit einer antiken Quelle immer einen stringenten Beleg für die Richtigkeit dieses Bezugs benötigt. Indem Schliemann allzu sehr seinem naiven Glauben an die Texte gefolgt ist, hielt er an einem zu seiner Zeit eigentlich längst überwundenen unkritischen Umgang mit den schriftlichen Zeugnissen aus der Antike fest.

Pergamon: nationales Großprojekt und das Ende der philologischen Archäologie

Wahrscheinlich liegt der größte Erfolg Schliemanns in der Wirkung, die er mit seinen Grabungen und durch die Pracht der dabei zutage geförderten Fundobjekte in den akademischen Kreisen erzielte. Denn es wurde klar, dass man allenthalben und sehr intensiv den Spaten würde ansetzen müssen. Daher blieb die Ausgrabung in Olympia nicht das einzige Projekt, das deutsche Archäologen im Mittelmeerraum unternahmen. Wie die Grabung in Olympia wird diejenige auf der Burg von Pergamon in Kleinasien (Türkei) bis heute vom Deutschen Archäologischen Institut, dem Nachfolger des alten Istituto di Corrispondenza, betrieben.

Die Anregung dazu kam allerdings erneut weder von einem Archäologen noch überhaupt von einem Altertumswissenschaftler, sondern von Carl Humann (1839–1896), einem Ingenieur. Er lebte seit 1864 in der Türkei, wo er sich – als Pionier des technischen Fortschritts im Orient – mit dem Bau von Straßen und Eisenbahnen beschäftigte. Nebenbei grub er auf der Burg der hellenistischen Königsstadt Pergamon und legte dabei die Reste des Pergamon-Altars frei, der in der Antike zu den sieben Weltwundern gezählt wurde (Abb. 36).

Dieser Erfolg führte dazu, dass die Grabung seit 1880 in vergrößertem Umfang und mit staatlichen Geldern weiterbetrieben wurde. Die Grabungslizenz der Regierung des türkischen Sultans gestattete den deutschen Ausgräbern sogar, einen Großteil der Funde in ihre Heimat mitzunehmen. In manchmal recht großzügiger Auslegung dieser Erlaubnis gelang es ihnen, die Friese des Großen Altars mit den gewaltigen expressiven Bildern des Kampfes zwischen den Göttern und den Giganten (Abb. 36) und zahllose höchst qualität- und nicht minder wertvolle Skulpturen nach Berlin zu überführen. Diese können bis heute im Pergamonmuseum auf der Berliner Museumsinsel besichtigt werden.

Die immer wieder bereitgestellten Gelder vonseiten des Staats wie des Hofs und die Resonanz, die die Funde in der Öffentlichkeit fanden, zeigen, wie sehr die Ausgrabungen in Griechenland und in Kleinasien den Wünschen des Publikums entsprachen. Zugleich wurden die Ausgrabungen zu einem Mittel der Außenpolitik, ja des Imperialismus der europäischen Mächte. Wenn es gelang, Grabungslizenzen von den Gastländern zu erlangen, waren zugleich Einflusszonen abgesteckt, die den anderen europäischen Mächten möglichst verschlossen bleiben sollten. Die Archäologie hatte eine überragende gesellschaftliche und politische Bedeutung gewonnen.

Natürlich konnte diese Nähe zur Macht und zu den Mächtigen nicht ohne Folgen bleiben, besonders als diese ihre herausgehobene Stellung verloren. Das sollte die deutsche Archäologie nach dem Ersten Weltkrieg und dem Zusammenbruch des Kaiserreichs, von dessen Exponenten sie so generös unterstützt worden war, schmerzlich erfahren.

Natürlich hatte die Phase der großen Ausgrabungen tief greifende Konsequenzen für die Archäologie als Wissenschaft. Zunächst einmal wurden die Kenntnisse und die zu studierenden

Abb. 36: Großer Altar von Pergamon: Der Fries zeigt den Kampf zwischen Göttern und Giganten. Berlin, Pergamonmuseum.

Gegenstände enorm vermehrt. Zugleich gewannen die Forscher dadurch eine Fülle von Objekten, die sich mithilfe der antiken Textquellen nicht mehr erklären ließen. Das führte zuweilen zu einer nicht geringen Irritation, die von den unerwarteten Fundstücken hervorgerufen wurde. So gehörten die überreichen Funde an Statuen und Reliefs aus der Epoche des Hellenismus zwischen Alexander dem Großen und Kaiser Augustus (ca. 330–30 v. Chr.), die bei den Grabungen in Pergamon entdeckt wurden, gerade einer Epoche an, die in der antiken Kunstgeschichtsschreibung keine besonders hohe Wertschätzung erfahren hatte. Der kaiserzeitliche Autor Plinius betrachtet diese Epoche des antiken Kunstschaffens sogar als eine des tiefsten Niedergangs. Diese negativen Bewertungen aus der Antike führten die neuzeitlichen Betrachter also zu einer indifferenten Haltung. Man musste sich von der Bewertung durch die antike Kunstschriftstellerei erst einmal unabhängig machen, um zu einem eigenständigen Urteil zu gelangen.

Neue Stilarchäologie

Dazu forderte die ausgezeichnete handwerkliche und künstlerische Qualität der Skulpturen aus Pergamon den modernen Betrachter allemal heraus. Es hat daher einige Folgerichtigkeit, wenn sich eine von den Texten unabhängigere, die Neufunde aus sich selbst heraus interpretierende Forschungsrichtung etablierte. Sie hatte ihren Ursprung in Wien in der glänzenden Epoche der zu Ende gehenden Habsburger Monarchie.

Der Ursprung dieser neuen archäologischen Richtung ist mit den Wiener Kunsthistorikern Alois Riegl und Friedrich Wickhoff engstens verbunden. Riegl (1858–1905) hatte es übernommen, im Wiener Kunsthistorischen Museum die römischen Funde aus der Donauregion zu ordnen. Dabei handelte es sich oft um nicht besonders qualitätvoll gearbeitete Gegenstände aus der späteren Antike. Die Arbeiten dieser Epoche trafen nicht den damaligen Kunstgeschmack, sie wurden als Ausdruck einer im Verfall begriffenen Zeit empfunden.

Alois Riegl machte sich frei von allen Vorurteilen gegenüber seinen meist nicht sehr ansehnlichen Objekten, indem er von einem für jede einzelne Epoche charakteristischen Kunstwollen oder Geschmack sprach. Dadurch gelang es ihm, die Vorstellung von künstlerischer Dekadenz zu überwinden.

Franz Wickhoff (1853–1909) befasste sich mit der Veröffentlichung einer ebenfalls spätantiken bebilderten Handschrift der Genesis, der biblischen Schöpfungsgeschichte. Die darin gemalten Abbildungen schienen ihm so etwas wie ein Bindeglied zu sein zwischen der antiken Malerei, die man vor allem von den in Pompeji gefundenen Wandfresken her kannte, und der mittelalterlichen abendländischen Malerei. Wickhoff beobachtete also sehr langfristige Beziehungen, gewissermaßen ein lang anhaltendes Weiterwirken antiker Formelemente. Zugleich sah er in den Bildern der Wiener Handschrift Formelemente, die für die Landschaft, in der er ihre Entstehung vermutete, charakteristisch seien, nämlich Campanien, die süditalienische Region in der Umgebung der Stadt Neapel, in der auch Pompeji liegt.

Damit haben wir zwei Charakteristika kennen gelernt, die für ein Phänomen konstitutiv sind, das die Kunstarchäologie bis nach der Mitte des 20. Jahrhunderts entscheidend geprägt hat, nämlich für den künstlerischen Stil. Er wird nach den von Riegl und Wickhoff entwickelten Vorstellungen einerseits durch epochentypische und andererseits durch langfristige, landschaftstypische Elemente definiert. Man kann also – so die Annahme – an dem Stil eines Kunstwerks unmittelbar erkennen, in welcher Epoche und in welcher Landschaft es entstanden ist. Mit diesen neuen Erkenntnismöglichkeiten machte sich die Kunstarchäologie der folgenden Jahrzehnte immer unabhängiger von den bis dato entscheidenden Textquellen aus der Antike. Es wurde möglich, Fundobjekte, vor allem Skulpturen, über die in den antiken Texten nichts zu finden war, einer Epoche oder einer Landschaft zuzuweisen und so Grundlagen für den weiteren Diskurs zu schaffen.

Die Kriterien und Methoden der Stilarchäologie wurden schnell verfeinert. Zu nennen ist in diesem Zusammenhang vor allem der Schweizer Kunsthistoriker Heinrich Wölfflin (1864–1945). Ihm ist es gelungen, Begriffe zu entwickeln, die es erlauben, den künstlerischen Stil als eine sich kontinuierlich verändernde Größe zu betrachten. Ein neu gefundenes Objekt kann demnach mit ihrer Hilfe in den sich zielgerichtet verändernden Gang der Stilgeschichte punktgenau eingeordnet werden. Dadurch wurde es möglich, neu gefundene Skulpturen oder bemalte Gefäße mit zunehmend größerer Präzision zu datieren. In den folgenden Jahrzehnten sah ein großer Teil der Archäologen seine grundlegende Aufgabe darin, die bekannten und ständig bei weiteren Ausgrabungen zutage tretenden Neufunde in groß angelegten Stilreihen zu ordnen. Diese stilgeschichtliche Phase der Archäologie hat bis nach 1960 angehalten.

Neben die Auswertung des künstlerischen Stils für die Chronologie traten zwei weitere Betrachtungsweisen, nämlich die Frage nach den Kunstlandschaften und die nach den Künstlern. Beide Aspekte hängen insofern eng zusammen, als der Künstler gewissermaßen als Teil einer Kunstlandschaft angesehen wurde, in der er durch seine Schulung, vor allem aber durch ererbte Fähigkeiten und Eigenschaften verwurzelt sei. Und natürlich glaubte man, beide Phänomene mit Hilfe von Stilanalysen herausdestillieren zu können. Die Zuweisung etwa einer Skulptur zu einer Kunstlandschaft gehörte daher zu den Aufgaben der Archäologen beispielsweise bei der Veröffentlichung von Neufunden. Und die Zuschreibung an bestimmte Künstler galt, obwohl sie nur in seltenen Fällen zu allgemein überzeugenden Ergebnissen führte, als wesentliche Aufgabe der Kunstarchäologie.

Eine neue Methodik ließ überdies auf deutlich verfeinerte Möglichkeiten für die Zuschreibung antiker Skulpturen, Gemälde und Vasenbilder an Künstler oder Handwerker hoffen. Gleichzeitig mit Riegl und Wickhoff hatte nämlich der italienische Arzt Giovanni Morelli (1816–1891) die These vertreten, dass man an Details künstlerischer Werke, z. B. an der Pinselführung oder der Gestaltung bestimmter Motive, z. B. Augen, Ohren oder Finger, die Handschrift eines Künstlers wieder erkennen könne. Dieser Gedanke ließ sich in der Archäologie allerdings kaum auf die Skulpturen anwenden, denn die Hauptwerke der antiken Plastik sind überwiegend durch kaiserzeitliche Kopien überliefert. Die Handschriften der griechischen Künstler sind daher durch diejenige der kaiserzeitlichen Kopisten gebrochen, die natürlich ebenfalls eine eigene Handschrift besaßen.

Dagegen waren die Bilder der griechischen Vasen für eine Untersuchung nach der morellischen Methode gut geeignet. Besonders in Athen waren im 6. und 5. Jahrhundert v. Chr. Gebrauchsgefäße aus Ton reich mit mythologischen und anderen Bildern verziert worden, und sie sind tausendfach, oftmals in gutem Zustand, erhalten geblieben. Der Engländer John D. Beazley (1885–1970) hatte sich seit den dreißiger Jahren des 20. Jahrhunderts intensiv dieses Materials angenommen, und es gelang ihm, die Anwendung der morellischen Methode zu ihrer größten Verfeinerung in der Archäologie zu entwickeln.

Den mit antiken Malersignaturen beschrifteten Gefäßen hat er unbeschriftete hinzugeordnet, die er aufgrund von Detailbeobachtungen denselben Malerhänden zuschrieb. Außerdem hat er aus der großen Masse an unbeschrifteten Vasen mithilfe derselben Methode Gruppen gebildet, die er ebenfalls einzelnen Malerhänden zugeordnet hat. Diese sind uns zwar mit ihrem antiken Namen nicht bekannt, dennoch glaubte Beazley, so etwas wie eine Karriere dieser unbekannten Vasenmaler rekonstruieren zu können. Um sich zu verständigen, sind diese ‹Phantomkünstler› oft nach besonders schönen von ihnen bemalten Exemplaren oder nach deren

Aufbewahrungsorten benannt. Der berühmteste Fall ist der «Berliner Maler», der nach einer besonders qualitätvollen, ihm zugeschriebenen Vase im Berliner Antikenmuseum genannt wird. Andere wurden in Ermangelung ihrer wirklichen Namen mit archäologischen Rufnamen benannt, nach besonderen Bildthemen wie der Schaukelmaler oder nach besonderen von ihnen bemalten Vasen wie der Maler einer Vase im Louvre mit der Inventarnummer CA 1964.

Beazley hat seine Ergebnisse in großen Listenwerken veröffentlicht, die seine Zuschreibungen tabellarisch, ohne zusammenhängenden Kommentar und sogar ohne Abbildungen, zusammenstellen. In Oxford, wo Beazley lehrte, wurden diese Listen bis vor gar nicht langer Zeit weitergeführt und ergänzt. Nur wenigen besonders wichtigen Vasenmalern hat er erklärende Monographien gewidmet, in denen er auch seine Methode exemplarisch darstellte. Andere Maler sind in der Tradition Beazleys bis in die jüngste Zeit von anderen Archäologen monographisch behandelt worden. Die Listenwerke bilden bis heute die Grundlage für die Vasenforschung als Index der bedeutenden Stücke und als Basis für die Chronologie.

Beazley wurde für sein enormes Werk sogar in den Adelsstand erhoben. Doch konnte schon zu seiner Zeit Kritik an dieser Vorgehensweise nicht ausbleiben. Wie für die Stilarchäologie ist für diese Richtung charakteristisch, dass sie von den Fundumständen und der antiken Funktion der Objekte sowie dem gesellschaftlichen Umfeld, in dem sie benutzt wurden, fast vollständig abstrahiert.

In jüngerer Zeit gibt es Ansätze, die die Idee, hinter den von Beazley beobachteten Übereinstimmungen zwischen verschiedenen Vasenbildern stünden Künstlerpersönlichkeiten, revidieren. In einer besonders findigen Studie hat man die Vasen, die demselben Maler zugeschrieben wurden, mit modernen Polizeimethoden auf Fingerabdrücke hin untersucht. Dabei wurde auf den Gefäßen eine Vielzahl verschiedener Hände von Bearbeitern entdeckt. Dieses überraschende Ergebnis erlaubt natürlich verschiedene Schlüsse. Anstelle einzelner Maler könnten hinter den von Beazley beobachteten künstlerischen Übereinstimmungen ebenso gut ganze Werkstätten mit mehreren Malern und mehreren Töpfern stehen.

Auch die Versuche, Skulpturen berühmten, aus der antiken Literatur bekannten Bildhauern zuzuschreiben, sind seit etwa 30 Jahren immer mehr aus der Mode gekommen. Dazu hat die Vergeblichkeit vieler der zuvor mit enormer Intensität durchgeführten Versuche beigetragen. Ein interessantes Beispiel ist das große Grabmal des Dynasten Maussolos, das dieser sich um die Mitte des 4. Jahrhunderts v. Chr. in Halikarnass in der südöstlichen Türkei errichten ließ (Abb. 37). Der Bau machte so viel Furore, dass er unter der Bezeichnung Maussoleion unter die Weltwunder der Antike aufgenommen wurde. Diese Bezeichnung, die vom Namen des Dynasten abgeleitet ist, ist in ihrer lateinischen Form, Mausoleum, zudem als Gattungsbezeichnung für große, architektonisch gestaltete Grabmäler in die abendländische Kunstgeschichte eingegangen.

Maussolos war kein Grieche, sondern Karer – ein Volk, das im Südwesten der heutigen Türkei lebte, aber unter einem starken Einfluss der griechischen Kultur stand. Der Herrscher Maussolos bestellte die besten Architekten und Bildhauer aus Griechenland, die sein Grabmal bauen sollten. Der antike Schriftsteller Plinius nennt die berühmten Bildhauer Skopas, Bryaxis, Leochares und Thimotheos, von denen allen weitere Bildwerke aus der Literatur bekannt und teilweise als Statuen überliefert sind. Diese vier hätten die Friese des Maussoleion gefertigt, und zwar jeder Bildhauer eine der vier Seiten des Baus.

Die Reste des Maussoleions in Halikarnass und darunter zahlreiche Friesplatten wurden Ende des 18. Jahrhunderts von englischen Reisenden entdeckt. Die Skulpturen gelangten daher in das British Museum in London. Dieser Fund und die Tatsache, dass die erhaltenen Friesplatten nicht einzeln von ihren Bildhauern signiert wurden, hat die Archäologen natürlich dazu herausgefordert, mit dem Argument des Stils nach den jeweiligen Künstlern zu forschen. Doch am Ende war die Verwirrung perfekt. Denn, kurz gesagt, es gab genügend Forscher und genügend verschiedene Meinungen, dass eine jede Friesplatte einem jeden der vier in Frage kommenden Bildhauer zugeschrieben werden konnte. Die Methode hatte sich also, was die antike Skulptur angeht, als nicht falsifizierbar und daher wissenschaftlich nicht tragfähig erwiesen. Inzwischen wird sie nur noch von wenigen Archäologen angewendet.

Abb. 37: Das Grab des Dynasten Maussolos von Karien in Halikarnass (Türkei). Von dem reichen Skulpturenschmuck sind vor allem die Friese erhalten geblieben, die unterhalb der Säulen umlaufen. Sie befinden sich heute im British Museum in London.

Die Stilarchäologie hatte, wie wir gesehen haben, ihre Wurzeln bereits im letzten Jahrzehnt des 19. Jahrhunderts. Doch blieb diese Richtung über die Katastrophen des Ersten Weltkriegs hinweg und nach dem Sturz der mitteleuropäischen Monarchien völlig ungebrochen. Ihre volle Ausprägung fand die Stilarchäologie erst in den zwanziger Jahren des 20. Jahrhunderts durch Heinrich Wölfflin.

Die umstürzenden historischen Ereignisse des Ersten Weltkriegs, die als Schlüssel für die dunkle Geschichte des 20. Jahrhunderts angesehen worden sind, ließen die Archäologie also weitgehend unbeeinflusst. Das mag damit zusammenhängen, dass den klassischen Studien, außer der Archäologie vor allem der Klassischen Philologie, nach dem Ersten Weltkrieg der Wind ins Gesicht blies. Die alten Sprachen, die als zentraler Lehrstoff des Gymnasiums der Schlüssel für den Zugang zu den gesellschaftlichen Führungspositionen gewesen waren, wurden in ihrer Bedeutung zunehmend in Frage gestellt. Und auch die Archäologie mit ihren enorm kostspieligen Großprojekten schien nach dem Sturz der Monarchie in Deutschland zunächst an einem Scheideweg zu stehen. Überraschenderweise jedoch gelang es, die Grabungen mit einigem zeitlichen Abstand zum Kriegsende und zur Inflation auch ohne die imperialistische Zielsetzung der Vorkriegszeit wieder aufzunehmen.

Die Frage nach den Inhalten

Der breite Raum, der in diesem Überblick der Stilarchäologie gegeben wurde, könnte den Eindruck erwecken, dass bis nach der Mitte des 20. Jahrhunderts in der Archäologie formgeschichtliche Fragen im Vordergrund gestanden hätten, und dieser Eindruck ist auch nicht ganz falsch. Doch ist neben der formgeschichtlichen auch eine inhaltlich orientierte Archäologie betrieben worden.

Am einflussreichsten darunter war die so genannte Strukturforschung, die sich darum bemühte, formale Kriterien und den Stil zur Beantwortung inhaltlicher Fragen auszuwerten. Dabei ging es darum, Grundfunktionen des Stils herauszuarbeiten, die auf bestimmte nationale Charakteristika zurückgeführt wurden. Auf diese Weise wurde eine römisch-italische einer griechischen und diese einer ägyptischen Struktur als grundsätzlich verschieden gegenübergestellt. Darin ist die Vorstellung von einer nationalen Kunst enthalten. Die Strukturforschung ist also, ohne dass ihr im Umkreis ihrer Entstehung eine Nähe zur nationalsozialistischen Ideologie vorzuwerfen wäre, von den nationalen Vorstellungen jener Jahre und Jahrzehnte erfüllt.

Archäologie im Nationalsozialismus

Der Nationalsozialismus und das Dritte Reich bezeichnen eine für die deutsche Archäologie wie für alle anderen Wissenschaften schwierige Periode. Die Verabsolutierung der Form durch die Stilforschung bot treffliche Möglichkeiten für archäologisches Nischendasein. Zudem stand die mittelmeerische Archäologie weniger in der Gefahr, völkisch vereinnahmt zu werden, als die Prähistorie, die sich meist mit den nordalpinen Gebieten und den deutschen Bodenfunden beschäftigte.

Dagegen standen die mehr an Inhalten interessierten Archäologen stärker in der Gefahr, sich dem Zeitgeist hinzugeben. Besonders während des Kriegs wurde die antike Ideologie des vermeintlich ‹schönen Todes› für die Stadt oder für den Staat in Vorträgen und Veröffentlichungen bemüht. Das bekannteste Werk dieser Art, «Das Kriegertum der Parthenonzeit» des bedeutenden Münchner Archäologen Ernst Buschor (1886–1961), steht in dieser Hinsicht keineswegs allein.

Auch bot die griechische und römische Archäologie sich vorzüglich als Propagandainstrument für den faschistischen deutschen Staat an. So ordnete Hitler in Zusammenhang mit der Olympiade von 1936 eine Wiederaufnahme der Grabungen in Olympia an. Allerdings widerstanden die Klassischen Archäologen weitgehend der Versuchung, etwa die Besetzung Griechenlands durch deutsche Truppen zu eigenmächtigen Forschungsaktivitäten auszunutzen, sondern man bemühte sich wie bisher um die notwendigen Genehmigungen der lokalen griechischen Behörden. Durch diese Haltung unterschied sich das Deutsche Archäologische Institut von dem mit einem evident rassistischen Ansatz gegründeten und dann in Griechenland aufgrund der Machtstellung von Eroberern tätigen Amt Rosenberg. Ihre konziliante Haltung ermöglichte den deutschen Auslandsinstituten überhaupt eine Wiederaufnahme ihrer Tätigkeit nach dem Ende des Zweiten Weltkriegs.

Archäologie der Nachkriegszeit

Die Archäologie der beiden Jahrzehnte nach dem Zweiten Weltkrieg lässt überraschenderweise kaum eine Neuorientierung erkennen. Das mag damit zusammenhängen, dass der personelle Aderlass der deutschen Archäologie nicht sehr groß gewesen war. Diese Aussage kann zwar nicht darüber hinwegtäuschen, dass bedeutende Archäologen aufgrund ihres jüdischen Glaubens von ihren Lehrstühlen vertrieben wurden und ins Exil gingen. Ich nenne beispielhaft die Gießener Professorin Margarethe Bieber (1879–1978) und den Professor an der Universität Münster, Karl Lehmann-Hartleben (1894–1960), die bedeutende Positionen an amerikanischen Universitäten übernahmen. Georg Karo (1872–1963) wurde von seiner Position als 1. Direktor des Deutschen Archäologischen Instituts in Athen in die vorgezogene Pensionierung und dann ebenfalls in die Emigration getrieben. Gleichwohl kann für die unmittelbare Nachkriegszeit eine weitgehende personelle Kontinuität des Fachs vor allem an den Universitäten verzeichnet werden.

In der DDR führte die mittelmeerische Archäologie ein Schattendasein. Das Deutsche Archäologische Institut und damit die Grabungen in den Mittelmeerländern waren zum westlichen Teil Berlins gekommen und wurden vom Bonner Außenministerium und der Deutschen Forschungsgemeinschaft finanziert; sie erfuhren bedeutende Erweiterungen durch neue Institute, Grabungen und Forschungsprojekte. Vor allem hinderte die Beschränkung der Reisefreiheit die ostdeutschen Archäologen daran, sich die Objekte in den Mittelmeerländern und in den großen Museen Europas und Amerikas im Original anzusehen. Zudem fehlte in der kommunistischen Diktatur offenbar ein Interesse daran, die mittelmeerische Archäologie als wissenschaftliches Aushängeschild oder als gesellschaftsbezogene Wissenschaft zu instrumentalisieren. So kam es, dass die meisten der traditionellen archäologischen Lehrstühle an den ostdeutschen Universitäten entweder gänzlich geschlossen oder zu Nebenfachstudiengängen degradiert wurden und erst nach 1990 erneuert werden konnten.

Immerhin gelang es im Laufe der fünfziger und sechziger Jahre, die teilweise in die Sowjetunion verbrachten Antikensammlungen an ihren angestammten Orten in Berlin und Dresden der Öffentlichkeit wieder zugänglich zu machen. Doch erstaunt es, dass man angesichts der fehlenden Reisemöglichkeiten nicht die wissenschaftliche Bearbeitung und Veröffentlichung der im Lande befindlichen Antikensammlungen betrieben hat. Allerdings ist dieses Manko nicht ohne Parallelen in Westdeutschland.

Frischer Wind seit 1970

Ein erkennbarer Einschnitt in der westdeutschen Archäologie ist um 1970 zu beobachten. Damals traten die meisten Professoren, die ihre Ausbildung vor oder während der faschistischen Diktatur erhalten hatten, in den Ruhestand. Die nachrückende Generation hatte diese Zeit als Kinder meist noch nicht wirklich wahrgenommen oder jedenfalls nicht gestaltend daran teilgenommen.

Die Ideen, mit denen die neue Generation antrat, lassen sich in drei wichtigen Punkten zusammenfassen. Vor allem wollte man die kunstimmanente Betrachtungsweise, zu der die Stilarchäologie immer mehr geworden war, überwinden. Stattdessen strebte man eine historische Auswertung der archäologischen Objekte an, ja man versuchte, Geschichte mit anderen Quellen zu schreiben als die Historiker, die sich meist auf Textquellen stützen, nämlich aufgrund von Objekten und Bildern.

Anstelle der Stilarchäologie versuchte man daher eine ikonographische Richtung zu etablieren, die nach der Bedeutung von Bildern fragt. Dazu wurde neben den Bildern und Objekten selbst deren antiker Kontext zu einem zentralen Gegenstand der Forschung. Wo waren die Statuen aufgestellt? Wer waren die Auftraggeber? Und wie beeinflussten diese und natürlich die Gesellschaft die herstellenden Handwerker und Künstler? Welche Funktion hatten überdies die Bildwerke in den Gesellschaften, die sie hervor-

141

gebracht hatten? Diese neue Richtung bedeutete einen evidenten Bruch mit der das Kunstwerk und den Künstler verabsolutierenden und von ihrer Umwelt isolierenden Stilarchäologie. Sie brachte zahlreiche wissenschaftliche Arbeiten hervor, die nach der Ausstattung bestimmter Gebäudetypen mit Kunstwerken, besonders mit Skulpturen, fragte, wie Theater, Thermen, Fora oder Privathäuser.

Die neue Richtung interessierte sich vor allem für die römische Archäologie, denn die römische Kunst war von jeher stärker als historisch bedingt angesehen worden als die griechische. Diese hatte seit den Tagen Winckelmanns als absolute, wirkliche Kunst gegolten. Die Jahre von 1970 bis 1990 sind daher durch eine gewisse Dominanz der römischen Archäologie gekennzeichnet. Erst in jüngster Zeit wird auch die griechische Archäologie mit entsprechenden historischen und kulturhistorischen Ansätzen betrieben.

Damit ging zweitens die Überwindung des Strukturbegriffs einher. Ein berühmt gewordenes Kolloquium galt 1971 dem Thema des «Hellenismus in Mittelitalien», also der umfassenden Überformung der römischen durch die griechische Kultur gerade in der Zeit, als Rom nach und nach die Herrschaft beinahe über die gesamte damals bekannte Welt und mithin auch die Herrschaft über Griechenland an sich zog. Der Gedanke, dass Kultur nicht unlösbar mit dem Begriff der Nation verbunden sei und dass es offenbar keine für einzelne Nationen spezifischen, kulturellen Grundkonstanten gibt, brach mit der Idee der Struktur.

Drittens wurden neue, weitergehende Maßstäbe an den wissenschaftlichen Apparat, an die Logik der Argumentation und die Routinen der Veröffentlichung gestellt. Ein gutes Beispiel dafür sind die Forschungen zu den römischen Porträts, denen es gelang, den modernen Porträtbegriff, den man zuvor ganz willkürlich auf die antiken Bildnisse angewendet hatte, durch einen historischen, den römerzeitlichen Bildnissen adäquaten zu ersetzen. Unsere moderne Vorstellung von einem Porträt impliziert selbstverständlich, dass es etwas vom wirklichen Aussehen des Porträtierten wiedergeben müsse. Das war in der Antike meist nicht der Fall, sondern auch eine hochgradig stilisierte Darstellung konnte eine bestimmte individuelle Person darstellen und daher ein Porträt sein. Beispielsweise wurde der Kaiser Augustus noch in hohem Alter ganz jugendlich, mit glatter Haut dargestellt (Abb. 9).

Aus dem veränderten historischen Porträtbegriff resultierte auch die Forderung nach einer systematischen fotografischen Dokumentation der Skulpturen. Es war nämlich klar geworden, dass die alten, oft hoheitsvoll von unten aufgenommenen Fotos der römischen Kaiserporträts eine unvoreingenommene Bearbeitung dieser Skulpturen verhindert hatten. Statt ihrer forderte man nun vehement wissenschaftliche Veröffentlichungen mit wenigstens vier Ansichten ein und desselben Porträts von allen Seiten (Abb. 38) und manchmal sogar noch von oben. Das klingt kurios, doch deutet sich darin eine Abkehr von der idealistischen Wissenschaft an und der Versuch, den Weg zu nachvollziehbaren, falsifizierbaren Argumentationssträngen zu ebnen. Diese Tendenz hat sich auch in anderen Gattungen ausgewirkt, doch hat sie bisher nur teilweise zu durchschlagendem Erfolg geführt.

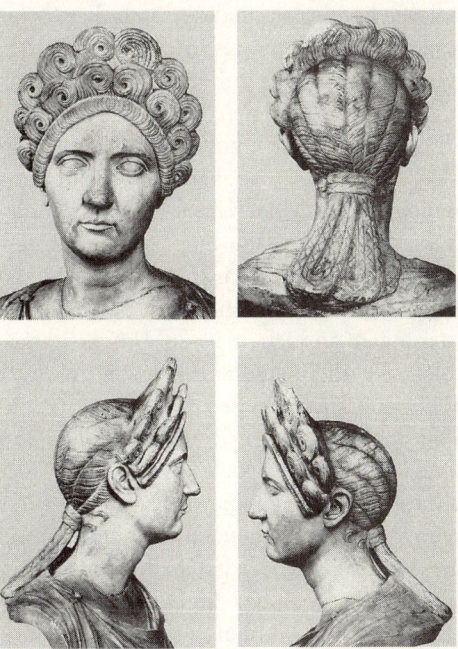

Abb. 38: Bildnis einer vornehmen Römerin, Rom Capitolinische Museen: Vier Ansichten desselben Porträts sind Standard für moderne Publikationen. Nur so lassen sich alle Details überblicken und unabhängig vom Original überprüfen.

143

Fragt man nach der gesellschaftlichen Bedeutung der Archäologie nach dem Zweiten Weltkrieg, so hat sie zusammen mit den anderen klassischen Altertumswissenschaften ihre herausgehobene Stellung eingebüßt. Allerdings ist die Archäologie von allen genannten Fächern wohl am besten mit diesem Problem zurechtgekommen. Zwar traten andere Archäologien gleichberechtigt neben die ehemals ‹Klassische Archäologie›. Das Deutsche Archäologische Institut hat dieser Entwicklung in den siebziger Jahren durch die Einrichtung einer Zweigstelle Rechnung getragen, die sich der Archäologie anderer Kontinente widmen sollte, zunächst Südamerikas, später auch Asiens. Nach 1990 wurde zudem eine Abteilung für eurasische Archäologie gegründet, in die auch Forscher aus der DDR mit ihren Kontakten in die Länder des ehemaligen Ostblocks integriert wurden.

An die Stelle der ungeteilten Aufmerksamkeit für die mittelmeerische Archäologie ist nun ein neues, durch den Massentourismus seit den sechziger Jahren gespeistes Interesse getreten. Zahllose Besucher mittelmeerischer Ausgrabungsplätze stellen nach ihrer Rückkehr Fragen zum Gesehenen, besuchen einschlägige Ausstellungen und freuen sich manchmal einfach daran, dass sie in der Ferne Landsleute bei der archäologischen Feldforschung vorfinden. Wenn man Studierende nach ihrer Motivation für die Wahl ihres Studienfachs fragt, hört man nicht selten von lebensentscheidenden Reiseeindrücken. Auch das Interesse der Medien verschafft der Archäologie nach wie vor und trotz vergleichsweise strenger Sprachanforderungen an den meisten Universitäten beachtliche Studentenzahlen, die allein eine angemessene Ausstattung der Fächer weiterhin unerlässlich machen.

Dieses mit der modernen Form des Reisens, dem Tourismus, verbundene Interesse ist frei von klassizistischen Vorurteilen. Daher richtet es sich auf die Archäologie des Mittelmeerraums genauso wie auf diejenige anderer Gegenden, Regionen und Kontinente. Die Klassische Archäologie hat also ihr Monopol als ausgrabende Wissenschaft verloren. Doch hat die Vervielfachung des archäologischen Interesses und der archäologischen Fächer an den Universitäten für alle gemeinsam einen wichtigen, positiven Aspekt: Sie erhält und vergrößert das vorhandene Interesse. Das kommt allen beteiligten Fächern zugute.

5. An der Schwelle Universität – Beruf

Über den Schritt von der Universität in den Beruf, von der Ausbildung ins Arbeitsleben, denken viele Studierende in den geisteswissenschaftlichen Fächern während des Studiums wenig nach. Sie verlegen diesen Wechsel in Gedanken in eine ferne Zukunft. Und das ist gut so, denn man kann sagen, dass die Studienanfänger diese Fächer eher aus Interesse an den jeweiligen Gegenständen wählen als mit einer konkreten Idee, was sie nach dem Studium beruflich damit anfangen wollen. Trotzdem muss man sich natürlich Klarheit verschaffen, worauf man sich einlässt, wenn man damit beginnt, eine der Archäologien zu studieren.

Von knappen Stellen und privaten Grabungsfirmen

Naturgemäß sind die Stellen, für die man als Klassischer Archäologe im engeren wissenschaftlichen Bereich in Frage kommt, nicht sehr zahlreich. Die beruflichen Aussichten der Archäologen müssen sogar als ausgesprochen schlecht bezeichnet werden.

Stellen für wissenschaftlich arbeitende Klassische Archäologen bestehen vor allem in den Universitäten. Es gibt etwa 30 Seminare und Institute allein für Klassische Archäologie in Deutschland, von denen einige jedoch von einer Schließung bedroht sind, dazu vier in Österreich und fünf in der Schweiz. Geht man einmal davon aus, dass diese Einrichtungen im Schnitt etwa drei Stellen für Wissenschaftler haben, dann errechnet sich daraus für Deutschland eine Zahl von knapp 100 Klassischen Archäologen, die in unbefristeten oder befristeten Anstellungsverhältnissen an den Universitäten arbeiten.

Die wichtigste Archäologen beschäftigende Einrichtung außerhalb der Universitäten ist das Deutsche Archäologische Institut. Es hat Zweigstellen in vielen Ländern des Mittelmeerraums. Für die

Klassischen Archäologen sind die wichtigsten in Rom, Athen, Istanbul, Damaskus und Madrid sowie die Zentrale in Berlin. Außerdem gibt es eine Dependance in Kairo, an der überwiegend Ägyptologen arbeiten. Die Zweiginstitute, die sich mit dem Mittleren Osten beschäftigen, sind wegen der politischen Lage im Iran und Irak derzeit in Berlin konzentriert. An diesen Instituten dürften etwa 50 Stellen für Klassische Archäologen vorgesehen sein. In beiden Bereichen, Universität und Forschungsinstitute, wird die Zahl der Stellen künftig rückläufig sein.

Dazu kommen einige Stellen an Museen und Sammlungen antiker Objekte. Sie befinden sich u. a. in Berlin, Dresden, Hamburg, Hannover, Kassel, Karlsruhe, München und Stuttgart. Ihre Zahl dürfte zwei Dutzend kaum übersteigen. Für die Klassischen Archäologen summieren sich daraus etwa 175 befristete und unbefristete Stellen in Deutschland. Dazu kommen Möglichkeiten, im Rahmen von Drittmittelprojekten oder auf der Basis von Forschungsstipendien verschiedener Institutionen tätig zu werden. Eine Erhebung des deutschen Archäologen Verbands (DArV) von 1997 hat für diesen Zeitpunkt 247 in der Wissenschaft tätige Klassische Archäologen ermittelt. Davon hatten 63 Prozent lediglich befristete Stellen oder befristete Stipendien inne, nur 37 Prozent dagegen eine unbefristete Stellung.

Für die Absolventen der Christlichen und der Vorderasiatischen Archäologie sowie der Ägyptologie gilt etwa dasselbe wie für die Klassischen Archäologen. Sie können wissenschaftlich überwiegend nur in den Universitäten und Forschungsinstituten tätig werden. Allein für die Ur- und Frühgeschichte sieht die Lage etwas besser aus, weil relativ viele Stellen bei Denkmalämtern und Museen in Deutschland vorhanden sind; doch gibt es in der Ur- und Frühgeschichte meist auch eine deutlich höhere Zahl an Absolventen, die sich auf diese Stellen bewerben. Zudem arbeiten viele Ur- und Frühgeschichtler, vor allem wenn sie das Studium mit dem Magisterabschluss beendet haben, in kurzfristigen, nur wenige Monate dauernden Anstellungen im Rahmen von zeitlich limitierten Ausgrabungsprojekten.

Eine gewisse Chance liegt in den privatwirtschaftlich organisierten Grabungsfirmen. Sie übernehmen von öffentlichen oder privaten Auftraggebern bei Großprojekten wie auch kleiner dimensionierten Baumaßnahmen Aufträge zur archäologischen Prospektion und anschließenden Ausgrabung der zur Bebauung vorgesehenen Flächen. Hier gibt es für Archäologen als angestellte Ausgräber manche Beschäftigungsmöglichkeiten, in Einzelfällen sogar als privatwirtschaftlicher, selbständiger Ausgrabungsunternehmer. Allerdings kann sich auch diese noch relativ junge Branche nicht von der Situation der öffentlichen Kassen befreien, denn diese sind ihre häufigsten Auftraggeber.

Schließlich wird eine Reihe von Stellen an den provinzialrömischen Museen der Rheinlande und Süddeutschlands mit Ur- und Frühgeschichtlern besetzt. Nicht selten haben in diesen Bereichen aber auch Absolventen der Klassischen Archäologie die Chance, eine Stelle zu bekommen.

Von der dornigen Karriere in der Wissenschaft

Der Weg vom Studienabschluss zu einer festen Anstellung ist meist ziemlich weit und außerordentlich zeitraubend. Nur in den wenigsten Fällen gelingt ein Einstieg ins wissenschaftliche Berufsleben bereits mit dem Magister. Die zitierte Umfrage des Deutschen Archäologen Verbands von 1997 hat festgestellt, dass von den zwischen 1975 und 1995 mit dem Magisterexamen von der Universität abgegangenen Klassischen Archäologen (insgesamt 231) lediglich 3,5 Prozent eine feste und 5,6 Prozent eine befristete Anstellung in der Wissenschaft gefunden haben. Sie arbeiten durchweg in Museen und Denkmalämtern. In den Universitäten dagegen gibt es offensichtlich keine Möglichkeiten, magistrierte Wissenschaftler zu beschäftigen.

Die Situation in der Christlichen und Vorderasiatischen Archäologie stellt sich nach den Erhebungen des Deutschen Archäologen Verbands nicht wesentlich anders dar. Auch in der Ägyptologie dürfte sie nicht erheblich davon abweichen.

Allein in der Ur- und Frühgeschichte gibt es für magistrierte Archäologen eine größere Wahrscheinlichkeit, mit dem Magisterabschluss eine archäologische Arbeit zu finden. Eine Umfrage der Deutschen Gesellschaft für Ur- und Frühgeschichte (DGUF) unter ihren Mitgliedern von 1998 hat ergeben, dass relativ viele im Fach tätig waren. Allerdings unterscheidet die Statistik nicht zwischen denjenigen Magisterexaminierten, die als Beamte oder Angestellte in ihrem Fach tätig waren, und denen, die im Rahmen eines Stipendiums oder auf eigene Kosten die Promotion anstrebten.

Trotzdem zeichnet sich ab, dass die Aufnahmebereitschaft des Arbeitsmarkts für magistrierte Ur- und Frühgeschichtler verglichen mit den anderen Archäologien etwas größer sein dürfte. Das hängt damit zusammen, dass das Arbeitsgebiet dieses Fachs in der Regel in Deutschland liegt. Die Museen, die Planstellen für Ur- und Frühgeschichtler haben, sowie die Denkmalämter der Bundesländer und der Städte bieten einen etwas größeren Arbeitsmarkt für die Archäologen mit einer ur- und frühgeschichtlichen Ausbildung als für die Absolventen der anderen, überwiegend im Ausland tätigen Archäologien. Allerdings werden dort vielfach kurzzeitig befristete Stellen auf einzelnen Ausgrabungen angeboten, jedenfalls kaum Lebenszeitstellen.

Nun ist es zwar in manchen Fächern üblich, bereits die Promotion auf einer Assistentenstelle an der Universität zu schreiben, doch gilt dies vor allem für diejenigen Fächer, in denen es möglich ist, mit einem Studienabschluss unterhalb der Promotion, also z. B. dem Staatsexamen oder einem Diplom, in den Beruf zu gehen. Da dies für die genannten Archäologen in der Wissenschaft meist nicht möglich ist, sind die Studierenden zur Finanzierung des Promotionsstudiums auf Stipendien angewiesen, die natürlich nur bei herausragenden Qualifikationen durch die Magisterarbeit vergeben werden. Anderenfalls muss die Promotion aus privaten Mitteln finanziert werden.

Nach der Promotion können die Archäologen aller Fachrichtungen sich um das *Reisestipendium* des Deutschen Archäologischen Instituts bewerben. Dieses sehr alte Stipendium wurde erstmals 1859 vergeben. Es soll jungen Archäologen die Möglichkeit geben, ein Jahr lang durch den ganzen Mittelmeerraum zu reisen und dort archäologische Ausgrabungen, Museen usw. kennen zu lernen. Das klingt so märchenhaft, dass man das Reisestipendium schnell durch den Hinweis auf seine spartanische materielle Ausstattung ins rechte Licht rücken muss. Die Dotierung des Stipendiums ist äußerst knapp gehalten, besonders wenn man in Rechnung stellt, dass die Stipendiaten ständig unterwegs sein müssen und es ihnen sogar untersagt ist, während der Laufzeit nach Deutschland zurückzukehren. Voraussetzung ist, dass man bei der Promotion das 31. Lebensjahr noch nicht überschritten hat. Traditionell wird dieses Stipendium nur an deutsche Staatsbürger in einem festgelegten Auswahlverfahren verliehen. Für die Klassischen Archäologen in Deutschland ist das Reisestipendium gewissermaßen der erste Schritt in eine wissenschaftliche Karriere.

Doch auch nach dem Rigorosum, dem Doktorexamen, und dem Reisestipendium sieht die Zukunft nicht rosig aus. Im günstigsten Fall beginnt dann eine längere Periode, die durch mehrere Ortswechsel, fortwährendes Lernen und Sich-Weiterqualifizieren gekennzeichnet ist. Zum Beleg kann nochmals auf die Studie des Deutschen Archäologenverbands von 1997 zurückgegriffen werden. Danach waren von den zwischen 1975 und 1995 promovierten Klassischen Archäologen lediglich 51 Prozent im Fach tätig, und zwar mehr als die Hälfte davon auf befristeten Stellen. Im Schnitt erreicht diese Gruppe erst nach etwa 15 Berufsjahren eine feste Anstellung.

Allein in den Museen können die Absolventen der archäologischen Fächer relativ schnell eine Dauerstelle erreichen. Den Einstieg bildet in der Regel ein zweijähriges *Volontariat*. Theoretisch besteht danach die Möglichkeit, in eine Festanstellung übernommen zu werden. Allerdings ist an den wenigsten Museen rechtzeitig eine Planstelle frei. Daher muss man sich andernorts bewerben, und der Andrang der Bewerber auf derartige Stellen ist meist außerordentlich hoch.

Die beste Möglichkeit, in den Universitäten Fuß zu fassen, ist eine *Assistentenstelle*. Diese werden meist für drei Jahre besetzt mit einer Verlängerungsmöglichkeit um weitere drei Jahre. Assistentenstellen sind also befristet, doch bieten sie die Möglichkeit, sich durch die Habilitation weiterzuqualifizieren.

Andere Positionen, etwa Stellen als *wissenschaftliche Mitarbeiter*, sind außerordentlich selten. Sie werden meist unter der Bedingung einer mehrjährigen Berufserfahrung vergeben. Für Berufsanfänger kommen daher oft nur befristete Anstellungen in den von außerhalb der Universität geförderten Projekten in Forschung und Lehre in Frage, den so genannten Drittmittelprojekten. Allerdings fehlt für diese Fälle die Möglichkeit zur Übernahme in ein dauerndes Anstellungsverhältnis. Immer wenn an den Universitäten feste Stellen zur Ausschreibung kommen, für die die Habilitation nicht gefordert wird, ist der Andrang der Bewerber daher enorm groß.

Eine weitere Möglichkeit, eine berufliche Laufbahn zu beginnen, ist die ebenfalls befristete Tätigkeit an einer Forschungseinrichtung des Deutschen Archäologischen Instituts. Es bietet – meist im Ausland – *Referentenstellen* oder Tätigkeiten als wissenschaftliche Hilfskraft an. Erstere sind sehr gut dotiert, weil enorm hohe Auslandszuschläge gezahlt werden, Letztere sichern gerade einmal das Überleben und sind so schlecht bezahlt, dass eine Familie – zumal im Ausland – davon kaum existieren kann. Beiden Arten von Beschäftigungsverhältnissen haftet jedoch der Nachteil an, dass sie praktisch keine Aufstiegsmöglichkeiten in eine feste Anstellung bieten. Selbst die hoch bezahlten Referenten der Auslandsinstitute müssen sich vor Ablauf ihrer Zeit um eine Assistentenstelle an einer Universität in Deutschland bemühen, und es ist keineswegs gesichert, dass sie dort übernommen werden. Im Gegenteil haben manche Bundesländer die Altersgrenze für die Einstellung als Hochschulassistent so weit gesenkt, dass man diese Stellen oft gleich im Anschluss an die Promotion antreten muss. In manchen Fällen verhindert allerdings auch ein relativ hohes Alter bei der Promotion die spätere Übernahme in eine Assistentenstelle.

Voraussetzung für eine dauerhafte Laufbahn in den Hochschulen ist die *Habilitation*. Dazu muss man nach der Promotion eine zweite größere wissenschaftliche Arbeit verfassen. Zählt man die Magisterarbeit mit, müsste man sogar von der dritten Arbeit sprechen. Nach der Abgabe wird in den Fakultäten in einem umfangreichen Gutachterverfahren über die Annahme entschieden. Das Verfahren wird meist durch zwei Vorträge des Kandidaten vor der Habilitationskommission und der Fakultät abgeschlossen.

Doch kann im deutschen Universitätssystem selbst die Habilitation nicht als Sicherheit für eine feste Stelle gelten. Zwar gibt es in vielen Fällen die Möglichkeit, nach der Habilitation als etwas besser bezahlter *Oberassistent* weitere vier Jahre an der Universität zu bleiben. Doch dann ist endgültig Schluss. Man muss sich auf Professuren an anderen Universitäten bewerben, und mit guten Gründen gibt es in den meisten Bundesländern das Verbot von so genannten Hausberufungen, d. h. des Nachrückens von Habilitierten auf Professorenstellen an ihrer Heimatuniversität. Das Grundproblem liegt also darin, dass hoch qualifizierte Wissenschaftler meist im Alter von etwa 40 Jahren ohne jegliche Absicherung dem vollen Risiko des Arbeitsmarkts ausgesetzt werden. Zudem besteht für derartig hoch spezialisierte Kräfte kaum mehr eine Alternative in Berufsfeldern außerhalb der Wissenschaft.

Über Sinn und Unsinn der Habilitation wird daher in letzter Zeit heftig gestritten, denn diese letzte Prüfung kennt man nur in Deutschland. Allerdings gilt in anderen Ländern, z. B. im angelsächsischen Bereich, die Veröffentlichung eines zweiten Buchs nach der Dissertation als Voraussetzung für die Berufung auf einen Lehrstuhl oder eine andere feste Position an einer Universität. Dort fehlt also lediglich das Element des Gutachterverfahrens der Habilitation, das ihr den Charakter einer Prüfung verleiht. Zudem muss man bedenken, dass die Habilitation in den meisten Fällen unter der Protektion eines Professors der jeweiligen Universität relativ problemlos abläuft. Da der Assistent in der Regel die Gutachter und die Verhältnisse an seiner Universität seit mehreren Jahren kennt, kann man sogar von einer Art ‹Heimspiel› sprechen.

Andererseits verengt sich der ‹Flaschenhals› im Verlauf einer wissenschaftlichen Karriere im angelsächsischen System ohne die Habilitation viel früher. Denn dort entscheidet sich bereits nach der Promotion oder gar bei der Zulassung zum Promotionsstudium, wer zum wissenschaftlichen Nachwuchs gehört und wer nicht. Das Für und Wider der jeweiligen Systeme wird man daher künftig weiter abwägen müssen. Allerdings ist eine bessere Absicherung der hoch qualifizierten, habilitierten Wissenschaftler z. B. durch in Pools rotierende Professuren, die je nach Bedarf den Instituten zugeteilt oder bei Freiwerden auch wieder umgeschichtet werden können, oder andere Modelle künftig von entscheidender Wichtigkeit.

Archäologie als erweiterte Allgemeinbildung:
Chancen in anderen Berufen

Die Möglichkeiten, außerhalb des engeren wissenschaftlichen Bereichs eine Anstellung zu finden, sind überraschend vielfältig, ja geradezu diffus. Die Umfrage des Deutschen Archäologenverbands von 1997 hat ergeben, dass ein großer Teil vor allem der mit dem Magister abgegangenen Archäologen außerhalb des Fachs und der Wissenschaft Tätigkeiten aufgenommen hat. Und bereits an anderer Stelle ist erwähnt worden, dass diese Quereinsteiger in andere Berufe keineswegs erfolglos sind, denn von den 231 Magisterabsolventen der Klassischen Archäologie aus den Jahrgängen 1975 bis 1995 waren 1997 nur etwa 3,5 Prozent arbeitslos.

Die Tätigkeiten dieser Absolventen sind freilich sehr verschieden. Zum Teil haben sie nach ihrem archäologischen Magister ein anderes Fach im Zweitstudium studiert oder eine ganz andere Ausbildung absolviert und auf dieser Grundlage einen Weg ins Berufsleben gefunden. Sie sind z. B. Apotheker oder Angehörige anderer Heilberufe geworden. Teilweise hat diese Gruppe aber auch durch Zusatzausbildungen in Bereichen Platz gefunden, die der Archäologie benachbart sind. So arbeiten manche Absolventen als Bibliothekare, Fotografen oder bei Verlagen. Andere sind auf der Suche nach einem Arbeitsplatz in der Erwachsenenbildung, bei Volkshochschulen oder städtischen Kulturämtern und im Tourismus fündig geworden.

Weniger erfreuliche Assoziationen weckt das Stichwort «Reiseleitung». Manche Studenten jobben während der Semesterferien als Reiseleiter. Das eröffnet ihnen die Möglichkeit, nicht nur Geld zu verdienen, sondern im Anschluss an eine Führung auch Gebiete, Museen und Ausgrabungsorte zu bereisen, die sie noch nicht kennen, und dadurch für ihr Studium zu profitieren.

Gelegentlich geraten diese Studenten durch diese Tätigkeit in den Semesterferien freilich in einen professionellen Reiseführungsbetrieb, der unter menschlichen und sozialen Aspekten problematisch ist und auch dem bezahlenden, reisenden Publikum merkwürdig vorkommen müsste, wenn man dieses denn über die Hintergründe aufklärte. Meist werden Reiseleiter nämlich auf Honorarbasis eingestellt. Sie werden also für jede einzelne Reise tageweise entlohnt.

Das hat für die Reiseveranstalter den Vorteil, dass sie über die Reiseleiter völlig frei disponieren können. Denn natürlich ist das Reisegeschäft saisonabhängig und den oftmals schnell wechselnden Reisewünschen der Urlauber unterworfen. Dieser Modus bietet den Reiseanbietern daher die Möglichkeit, bei geringen Kosten flexibel auf Veränderungen zu ragieren.

Für die als Reiseleiter Tätigen hat das zur Folge, dass ihnen ein geordnetes Arbeitsverhältnis vorenthalten wird und damit auch sämtliche Sozialleistungen wie Krankenversicherung, Arbeitslosen- und Altersversorgung. Zudem wird ein entsprechend hohes Honorar, das es erlaubte, diese Kosten aus eigener Tasche zu finanzieren, in der Regel nicht gezahlt. Man kann sich leicht vorstellen, dass Flugzeugbesatzungen, Reisebüroangestellte oder andere im Reisesektor Tätige derartige Konditionen dankend ablehnen würden.

Das Problem entsteht dadurch, dass für Reiseleiter in der Regel keine Vorbildung verlangt wird. Wahrscheinlich würde eine stärker auf derartige Tätigkeiten ausgerichtete Ausbildung, die neben einer soliden kulturgeschichtlichen Grundlage didaktische und auch betriebswirtschaftliche Aspekte beinhalten müsste, die Unternehmen dazu motivieren, Reiseleiter in geordneten Arbeitsverhältnissen einzustellen, die den Betroffenen überdies einen Zugang zu den Leistungen des Sozialstaats eröffnen würden. Auf das Fehlen entsprechender Aus- und Fortbildungsgänge haben private Bildungseinrichtungen längst reagiert. Auf kommerzieller Basis werden Weiterbildungskurse für den Einstieg in die Tourismusbranche angeboten. Die Universitäten sind auf diese Situation dagegen bisher nicht eingegangen.

Die Konsequenzen haben nicht nur die Reiseleiter durch die fehlende soziale Absicherung zu tragen, sondern auch ihre Kunden, die Urlauber. Denn es handelt sich um eine durchweg verpasste Chance der historischen, kultur- und kunstgeschichtlichen Erwachsenenbildung. Die meisten Menschen kommen nach Abschluss der Schule nur noch selten mit Geschichte in Berührung, auf Reisen oder allenfalls noch beim Besuch von Ausstellungen. Nur bei diesen Gelegenheiten lernen sie zu dem hinzu, was die Schule ihnen mitgegeben hat. Die unzureichende Ausbildung und stellenmäßige Versorgung der Reiseleiter führt leider dazu, dass die Chance, Erwachsene fortzubilden und über die Kulturgeschichte namentlich für Verständnis zwischen den Völkern zu werben, nur sehr unzureichend genutzt wird. Einschlägig aus- und weitergebildete Reiseleiter könnten den Reisenden bessere Informationen zur Verfügung stellen und würden dadurch einen möglicherweise höheren Reisepreis allemal rechtfertigen.

Auch andere Tätigkeiten bei Kulturämtern oder Volkshochschulen erfordern meist zusätzliche Qualifikationen in Bereichen wie Wirtschaft, Verwaltung und Sponsoring. Dasselbe gilt für Tätigkeiten in gänzlich fachfremden Bereichen der freien Wirtschaft. Manche Universitäten haben diese Notwendigkeit erkannt und den Umstand, dass man an den Universitäten meist viel zu wenig von den beruflichen Möglichkeiten für Quereinsteiger weiß. Daher haben sie Weiterbildungsprogramme ins Leben gerufen, die die Kluft zwischen den Universitäten und der beruflichen Realität des Arbeitsmarkts überbrücken sollen. Innerhalb der Hochschulen sind die Möglichkeiten jenseits der traditionellen Berufsfelder und Karriereschemata des öffentlichen Dienstes meist vollkommen unbekannt. In vielen Fällen kann man sogar eine starke Abneigung gegen berufliche Tätigkeiten außerhalb akademischer Zirkel spüren. Hier liegt also ein großer Nachholbedarf.

Daher sollten sich die Studierenden keinesfalls beirren lassen, denn in Zeiten sinkender staatlicher Budgets liegen die Chancen für viele Absolventen geisteswissenschaftlicher Fächer außerhalb der angestammten Felder. In der Tat finden sich dort berufliche Möglichkeiten für Geisteswissenschaftler, die durch ihre Ausbildung Kompetenzen mitbringen, die auf dem Arbeitsmarkt gesucht werden. Unternehmen aus verschiedensten Sparten schätzen die sozialen, sprachlichen und manchmal sogar die kulturwissenschaftlichen Kenntnisse der geisteswissenschaftlichen Absolventen. Diese verfügen oft über Auslandserfahrung und über die Fähigkeit, sich auf verschiedene kulturelle und soziale Situationen gezielt einzustellen. Nicht selten werden inzwischen Trainee- oder andere Fortbildungsprogramme direkt für diesen Interessentenkreis veranstaltet. In den Tageszeitungen wird um Bewerbungen potentieller Teilnehmer geworben.

Wahrscheinlich zielt die in letzter Zeit zunehmende Diskussion um Bachelor- und Master-Abschlüsse gerade in diese Richtung, nämlich universell einsetzbare Abschlüsse zu schaffen, die nicht auf die traditionellen akademischen Laufbahnen zugeschnitten sind. Ewa in den angelsächsischen Ländern öffnen geisteswissenschaftliche Studienabschlüsse unterhalb der Promotion den Weg in verschiedenste berufliche Tätigkeiten, für die die Kandidaten dann in den ersten Monaten ihrer bezahlten Tätigkeit speziell weitergebildet werden. Dabei spielt eine wichtige Rolle, dass die Anforderungen in der Arbeitswelt sich mit rasanter Geschwindigkeit verändern. Das bedeutet, dass eine allzu weit gehende Spezialisierung durch die Ausbildung oder das Studium auf dem Arbeitsmarkt schnell wertlos werden kann. Stattdessen ist es wichtiger, Schlüsselqualifikationen zu erwerben, die dann in berufsbegleitenden Fortbildungen auf den aktuellen Stand gebracht werden.

Allerdings wird man bei der Einführung neuer Studienabschlüsse beachten müssen, dass sie auch inhaltlich und von der Konzeption her etwas Neues bieten. Das kann z. B. durch die Verknüpfung geisteswissenschaftlicher Studiengänge mit ihnen traditionell fern stehenden Gebieten geschehen, etwa mit ökonomischen oder betriebswirtschaftlichen Materien oder elektronischer Datenverarbeitung. Ein Bachelor, der nichts anderes wäre als ein verkleinerter Magister, wäre dagegen Etikettenschwindel.

Überdies hat sich der Magister als Grundlage für ein weiterführendes wissenschaftliches Studium wie für den Einstieg in andere Tätigkeitsfelder durchaus bewährt. Vielleicht ist dieser Umstand bisher noch zu wenig in das Bewusstsein gedrungen. Neuartige Aspekte werden sich ebenso gut in neukonzipierten Haupt- und Nebenfächern der Magisterstudiengänge integrieren lassen.

6. Universität im Wandel – Studierende im Wandel

Seit Jahren wird von der Notwendigkeit einer Reform der Universitäten gesprochen, ja von der «Bildungsmisere» oder geradezu polemisch von der «Reformunfähigkeit der Universitäten». Auch das Bild von den notorisch untätigen, für Studenten unerreichbaren Professoren ist in den Medien bemüht worden. Es wurde über die Möglichkeiten diskutiert, die Besoldung der Dozenten leistungsabhängig zu gestalten. Auch war vollkommen zu Recht von den oft endlosen Vakanzen die Rede, die immer dann eintreten, wenn ein Dozent pensioniert oder an eine andere Universität berufen wird. Heftig gestritten wurde schließlich über Sinn und Unsinn der Habilitation als Voraussetzung für die Berufung zum Professor an eine deutsche Universität.

Allerdings ist die bildungspolitische Diskussion weder kontinuierlich noch von höchster Stelle geführt worden. Im Gegenteil, Meinungsforscher haben festgestellt, dass Bildung, wenn man nach den zentralen Problemen unserer Zeit fragt, nur von einer verschwindend geringen Zahl von Bürgern genannt wird. Daher wird diese Kategorie auf den Fragebögen inzwischen nicht einmal mehr als Antwortmöglichkeit vorgesehen. Deshalb wird das Thema Bildung auch von den meisten politischen Parteien nicht aufgenommen, weder in den Wahlkämpfen noch überhaupt als zentrales Feld der Politik. Der Grund dafür mag darin zu suchen sein, dass Bildung und Kultur in Deutschland Aufgaben der Bundesländer sind und daher nicht als gesamtstaatliches Thema behandelt werden können. Da die Wahlen auch in den Bundesländern meist nach der jeweiligen bundespolitischen Lage entschieden werden, scheint Bildung für die politische Debatte ungeeignet zu sein.

Damit ist jedoch nichts über die eminente Wichtigkeit des Themas Bildung gesagt! Allein der vormalige deutsche Bundespräsident Herzog, der seine Laufbahn selbst als Hochschullehrer begonnen hatte, hat in verschiedenen Reden während seiner Amtszeit auf die Wichtigkeit dieser Problematik hingewiesen. Es ist nicht abzusehen, wann das Thema wieder auf die Tagesordnung höchster politischer Entscheidungen kommen wird. Im Augenblick gibt es Initiativen einzelner Landesregierungen und Versuche, die von einzelnen Universitäten und Fächern getragen werden.

Universitäten im Wandel: mögliche Ziele einer Hochschulreform

Der Ausgangspunkt für Veränderungen im Hochschulbereich lag meist in der Diskussion um Effizienzkriterien und Sparmaßnahmen der öffentlichen Haushalte. So wurde um die Bemessung universitärer Effizienz gestritten und um Verfahren, die «Effizienz» von Lehre und Ausbildung durch «Evaluation» herauszufinden.

Dadurch wurden bei vielen, vor allem kleineren Fächern wie den Archäologien, deren ökonomischer Nutzen nicht unbedingt auf der Hand liegt, Ängste um die eigene Existenz geweckt. Diese wiederum hatten eher eine Stärkung der Beharrungskräfte zur Folge, als dass eine Bewegung hin zur Veränderung und Modernisierung der Hochschulen auf den Weg gebracht worden wäre. Dennoch hat sich die Situation innerhalb der Universitäten in verschiedener Hinsicht bereits stark verändert.

Zudem zeigt die Situation an den meist nach strengen Effizienzkriterien geführten angelsächsischen Privatuniversitäten, dass diese Befürchtungen nicht wirklich angebracht sind. Die US-Universitäten beweisen, dass selbst Sammlungen, wie sie viele archäologische Institute besitzen, unter Effizienzkriterien bestehen können, obwohl sie große Aufwendungen an Mitteln für ihre Pflege, Personal und Räumlichkeiten erfordern. Es kommt letztlich darauf an, all das geschickt im universitären Bewusstsein zu verankern und auch für die Außenwirkung der Universitäten nutzbar zu machen.

In diesem Zusammenhang ist auf eine Reihe von Umständen und Verfahrensweisen hinzuweisen, mit denen die Studierenden meist gar nicht konfrontiert sind, weil sie an der Verwaltung der Seminare und Institute, an denen sie studieren, nicht direkt teilnehmen. Aber sie sind von den manchmal nicht gerade günstigen Konsequenzen des Systems betroffen. Daher soll im Folgenden von verschiedenen Aspekten der universitären Verwaltung die Rede sein. Von diesen Hintergründen sollte man wissen, wenn man an einer Hochschule studiert.

Globalhaushalte: von der Kunst, Geld sinnvoll auszugeben

Zu den wichtigsten Veränderungen der letzten Jahre gehört, dass den Universitäten vielerorts ein höheres Maß an Dispositionsmöglichkeiten über die ihnen von den Landesregierungen zur Verfügung gestellten Mittel zugestanden worden ist. Bisher waren die Universitäten und Institute sehr eingeschränkt. So wurden die Personalmittel von den Ministerien verwaltet. Wenn eine Stelle gerade nicht besetzt oder der Inhaber z. B. für ein Forschungsstipendium beurlaubt war, dann wurden die eingesparten Gelder von den Ministerien oft einbehalten. Oder es gab festgelegte Summen etwa für die Anschaffung von Computern, von Büchern oder die Beschäftigung von studentischen Hilfskräften. Wenn kein Bedarf an neuen Computern bestand, konnte man diese Gelder nicht für Bücher ausgeben, sondern war gezwungen, davon ausschließlich Gegenstände der jeweiligen Kategorie zu bezahlen, oft genug unabhängig von einem wirklichen Bedarf. Denn hätte man auf derartige Mittel verzichtet, dann wäre für die Folgejahre von vornherein angenommen worden, dass sie generell nicht benötigt würden.

Zudem kennt die staatliche Gelderverwaltung, die so genannte Kameralistik, bisher keine Methoden zur Kontrolle der Effizienz der ausgegebenen Mittel. Den Nachteilen der Kameralistik sollen nun die so genannten Globalhaushalte entgegenwirken, bei denen die Universitäten selbst über die Ausgaben entscheiden. Darin ist man in mehreren Bundesländern schon ein gutes Stück weit vorangekommen.

Allerdings scheint dieser Schritt den Ministerien deshalb besonders leicht gefallen zu sein, weil es weniger um die Verteilung der finanziellen Mittel geht als um deren Einsparung. Daher sollte man darauf achten, dass diese Zugewinne der Hochschulen an Autonomie in finanziell besseren Zeiten künftig nicht wieder aufgegeben werden müssen. Denn durch diese Maßnahme wird der Gestaltungsspielraum der Universitäten entscheidend erweitert. Theoretisch wird ihnen sogar die Möglichkeit eröffnet, ohne auf Vorgaben aus der Politik reagieren zu müssen, neu konzipierte Studiengänge einzurichten und mit Personal, Bibliotheken und apparativer Ausstattung zu versehen.

Würden die Mittelzuweisungen außerdem nach einer Auswahl objektivierbarer Kriterien auf der Ebene der Fakultäten oder jedenfalls innerhalb der Universitäten entschieden, dann käme es zu einer sachgerechteren Verteilung. Sie könnte sich zudem stärker an der tatsächlichen Effizienz orientieren, als das bisher meist geschieht. Um fachspezifische Unterschiede auszugleichen, müsste man freilich eine ganze Reihe von verschiedenartigen Kriterien zulassen, von denen noch die Rede sein wird.

Die Verselbständigung der Universitäten

Dieser Prozess wäre nicht vollständig, wenn man die Hochschulen nicht auch zu Dienstherren ihrer Mitarbeiter machte. Bisher werden die Professoren durch die Ministerien der deutschen Bundesländer ernannt. Das führt dazu, dass jede Berufung, wenn sich die Universitäten für einen Vorschlag entschieden haben, zunächst einmal den Ministerien zur endgültigen Entscheidung vorgelegt werden muss.

Dabei versuchen die Ministerien nicht selten, auf die universitären Entscheidungen Einfluss zu nehmen und von dem ihnen zugestellten Vorschlag abzuweichen. Es ist klar, dass dabei nicht nur fachliche Gesichtspunkte ausschlaggebend sind. Zudem verlängert dieser Prozess die Berufungsverfahren. Die Leidtragenden sind die Studierenden.

Jede Stärkung der universitären Selbstverwaltung würde freilich ohne Konsequenzen bleiben, wenn damit nicht eine Stärkung und Professionalisierung der universitären Verwaltungsstrukturen einherginge. Sie müsste vor allem zu einem größeren Überblick über das Ganze der Fakultäten und der Universitäten führen.

Sinn und Unsinn der Habilitation

Ein weiterer Punkt, der in der Diskussion um die anstehenden Reformen im Hochschulbereich breiten Raum eingenommen hat, ist die Frage nach dem Sinn der Habilitation. Einige der Teilnehmer dieser Debatte haben sogar die Abschaffung dieser Prüfung gefordert, die in Deutschland, Österreich und der deutschsprachigen Schweiz als Qualifikation für den Eintritt in die Laufbahn als Hochschullehrer dient. Eine solche Maßnahme ist von einigen geradezu als Allheilmittel in der gegenwärtigen Situation der Universitäten angepriesen worden.

Zum Beleg wurde auf die angelsächsischen Länder, vor allem die US-amerikanischen Universitäten verwiesen, wo eine Habilitation nicht gefordert wird. Freilich ist es auch dort üblich, dass jüngere Wissenschaftler ihre Karriere als befristete Angestellte beginnen. Erst nach einer zweiten Buchpublikation können sie sich darum bewerben, auf eine Dauerstelle übernommen zu werden. Das bedeutet, auch in den USA wird eine zweite große Forschungsleistung nach der Dissertation zum dauerhaften Eintritt in die Professorenlaufbahn verlangt. Der einzige Unterschied besteht darin, dass in diesem Zusammenhang kein Gutachterverfahren stattfindet. Zudem liegt die Hürde dort eigentlich noch höher, denn die zweite große Arbeit muss nicht nur geschrieben sein wie in Deutschland, sondern auch publiziert werden.

Entfiele in den Universitäten des deutschen Sprachraums die Habilitation, dann käme eine sehr viel größere Zahl von Bewerbern für Professuren in Frage. Das mag auf den ersten Blick von Vorteil sein, weil man aus einem größeren Reservoir an Kandiaten auswählen könnte. Andererseits verbesserte sich dadurch nicht die Qualifikation der Bewerber. Vielmehr würde man sehr schnell neue, informelle Bewertungskriterien entwickeln, die sehr verschieden gehandhabt würden. Es ist daher nicht erkennbar, worin der Vorteil einer Abschaffung der Habilitation läge.

Das Problem liegt eher an einer anderen Stelle. Der Nachwuchs für Professuren und Dozenturen steht nach der überwundenen Habilitation vor der Alternative, alles zu haben, die beamtete Stelle eines Professors auf Lebenszeit, oder nichts, die Arbeitslosigkeit. Es muss nicht erläutert werden, dass diese Situation auf die Motivation der Betroffenen in den verschiedenen Phasen ihrer Laufbahn sehr unterschiedlich wirkt. Das bekommen die Studierenden in der Lehre unmittelbar zu spüren. Es wäre daher von entscheidender Wichtigkeit, dem wissenschaftlichen Nachwuchs eine kontinuierliche Perspektive zu bieten. Denn dadurch würde diese Gruppe motiviert, kontinuierlich an der Ausbildung der Studierenden mitzuarbeiten.

Berufungsverfahren als Lebenselixier

Dreh- und Angelpunkt der inneruniversitären Entscheidungen ist heute die Berufung neuer Professoren; denn bei dieser Gelegenheit wird zugleich über die materielle Ausstattung der Fächer entschieden. Davon sind die Studierenden wiederum ganz direkt betroffen; denn in diesem Zusammenhang werden den Instituten außer einem Basisetat zusätzliche Mittel meist auf fünf Jahre bewilligt. Gelingt es dem betreffenden Professor nicht, innerhalb dieser Zeit einen weiteren Ruf an eine andere Universität zu erlangen, dann ist sein Institut durch den Wegfall dieser zusätzlichen Mittel also nach wenigen Jahren entscheidend schlechter gestellt. Daher spielen die Berufungen eine beinahe fatale Rolle. Um nämlich neue Mittelzuweisungen zu erlangen, müssen die Professoren sich regelmäßig an andere Universitäten bewerben, obwohl sie oft gar nicht die Absicht haben, zu wechseln.

Das hat viele Nachteile für die Studierenden. Denn die Bewerbung des Professors, bei dem man gerade studiert, an eine andere Universität führt zu lange anhaltender Verunsicherung. Man muss sich fragen, bei wem man die Examensarbeit schreiben kann oder ob man am Ende wegen einer anstehenden Vakanz an eine andere Universität zu wechseln hat. Zudem verwenden die Professoren einen guten Teil ihrer Zeit auf diese Bewerbungen, die Verhandlungen und alle damit zusammenhängenden Dinge, der ihnen dann besonders für die Lehre fehlt.

Um diesen Kreislauf zu beenden wird man künftig über verschiedene Kriterien nachdenken müssen, nach denen man die Mittel verteilen könnte. Sie müssten möglichst vielfältig sein: natürlich die Studenten- und Absolventenzahlen, aber ebenso die Veröffentlichungen und deren Aufnahme in der wissenschaftlichen Öffentlichkeit, überdies laufende Projekte und die Einwerbung von Mitteln von außerhalb der Universitäten (so genannte Drittmittel), Tätigkeit der Institutsmitglieder in der inneruniversitären und der wissenschaftlichen Verwaltung außerhalb der Universitäten. Weitere Kriterien wären denkbar. Andererseits müsste man sich mit aller Entschiedenheit davor schützen, dass die bislang geltenden Kriterien des Status und des Bestandes einfach zur Grundlage der Effizienzbemessung erklärt werden.

Studierende im Wandel

Mit den Universitäten haben sich auch die Studierenden in den letzten Jahren und Jahrzehnten stark verändert. Sie sind Teil der Gesellschaft, die sie an die Universitäten schickt, und sie verändern ihre Befindlichkeiten parallel zu dieser.

Es wird viel geklagt über den angeblich zurückgehenden Kenntnisstand der Abiturienten. Davon soll hier nicht die Rede sein. Allerdings sollten sich bereits die Studienanfänger darauf einrichten, sich anders zu verhalten als noch in der meist nur wenige Monate zurückliegenden Schulzeit. Sehr viel hängt im Studium vom persönlichen Engagement der Studierenden ab. Außerdem ist es wichtig, sich zu konzentrieren, Wesentliches von Unwesentlichem zu scheiden, Ausdauer und Geduld zu entwickeln. Die Voraussetzungen dafür, dies zu lernen, sind an den heutigen Universitäten allerdings meist nicht besonders günstig.

Die Abiturienten, die heute an die Hochschulen kommen, finden eine ganz andere Situation vor als ihre Eltern. Das gilt ebenso in Ost wie in West, wenngleich in unterschiedlicher Weise. Seit den sechziger Jahren haben sich die Hochschulen wegen der gestiegenen Studentenzahlen unweigerlich zu Masseneinrichtungen gewandelt. Bekanntlich ist die Zahl der Dozenten bei weitem nicht in demselben Maß gestiegen. Der einzelne Hochschullehrer kann sich daher notgedrungen viel weniger um den einzelnen Studierenden kümmern, als das vor 20 oder 30 Jahren möglich war.

Die Studierenden haben es heute viel schwerer, sich an den Hochschulen zu orientieren. Dafür ist nicht nur ihre gestiegene Zahl verantwortlich, sondern ebenso die komplizierter gewordenen Verhältnisse auf dem Arbeitsmarkt und in der Gesellschaft. Es war bereits davon die Rede, dass die archäologischen Studiengänge nicht ausschließlich für eine Karriere in den Wissenschaften selbst ausbilden. Viele Absolventen gehen nach ihrem Examen in alle möglichen Bereiche der Wirtschaft, wo sie weniger wegen ihres konkreten Studienwissens als wegen ihrer sekundären Fähigkeiten gebraucht werden. Natürlich ist es viel schwieriger, diese Chancen für Quereinsteiger zu entdecken, als in die ausgetretene Bahn einer wissenschaftlichen Karriere zu treten.

Auch das relevante Wissen hat sich verändert und wesentlich vergrößert. Ganze Wissensgebiete, an die man vor einer Generation überhaupt nicht dachte, gehören heute wie selbstverständlich zum Studienstoff. Das hat zu einer deutlichen Verlängerung der Studienzeiten geführt, einem Zustand, der heute zunehmend wieder umgekehrt werden soll und muss. Dazu benötigen die Studierenden jedoch verstärkte Beratung, Unterweisung und Hilfe. Dies hat zu der vollkommen berechtigten Forderung nach einer Ausweitung der Studienberatung geführt.

Auch die Studierenden selbst verlangen nach mehr Orientierung in einer unübersichtlicheren Welt und angesichts eines weniger klar umgrenzten Lernstoffs. Sie sind darauf angewiesen, Techniken zu entwickeln, die ihnen die Entscheidung zwischen wichtigen und unwichtigen Themen erleichtern und manchmal überhaupt erst ermöglichen. Auch gehen die an den Gymnasien vermittelten Grundkenntnisse in den Bereichen gerade der klassischen Altertumswissenschaften rapide zurück.

Auf diesen Aspekt versuchen die Universitätsinstitute in der Lehre immer mehr Rücksicht zu nehmen. Das geschieht vor allem durch eine wesentliche Verstärkung der Grundausbildung in den Kernbereichen der Fächer. Die zurückgehenden Vorkenntnisse der Studienanfänger sind vielfach beklagt worden. Ein Hinderungsgrund für die Aufnahme eines archäologischen Studiums sind sie freilich nicht. Und von den Abiturienten wird das im Allgemeinen auch nicht so gesehen. Zudem zeigen die Studentenzahlen an den Universitäten wie die Besucherzahlen in einschlägigen Ausstellungen, Museen und Ausgrabungen, dass man in keinem Fall von einem Rückgang des Interesses sprechen kann.

7. Aktuelle Richtungen und Positionen der Klassischen Archäologie

Am Ende des Überblicks über die Klassische und die anderen Archäologien steht natürlich die Frage, welche Richtungen und Positionen denn heute von den Forschern auf diesem Gebiet vertreten werden. Dazu kann man feststellen, dass die formgeschichtliche Phase, die in den Jahrzehnten um die Mitte des 20. Jahrhunderts eine überragende Bedeutung erlangt hatte, endgültig überwunden ist. Das gilt auch für diejenige Richtung, die nach den Künstlern forschte. Sie flammt zwar gelegentlich auf, vor allem wenn neue Skulpturenfunde zu verzeichnen sind. Doch wird sie nicht mehr mit derselben Vordringlichkeit betrieben wie noch vor 30 Jahren.

Eine interessante Debatte hat sich dagegen in jüngerer Zeit um die Stellung der Künstler in den antiken Gesellschaften ergeben. Dabei ging es nicht zuletzt darum, ob sie vor allem in der griechischen Antike überhaupt als Künstler oder nicht vielmehr als schlichte Handwerker betrachtet und wie sie entlohnt wurden. Auch hat man sich mit Weihgeschenken von Künstlern in Heiligtümer und anderen Selbstzeugnissen befasst, um ihre Selbsteinschätzung und ihr Sozialprestige zu analysieren.

Die wichtigste Wandlung, die nach dem Ende der formgeschichtlichen Epoche stattgefunden hat, ist wohl die Öffnung hin zu anderen Gattungen als der Skulptur, der zuvor überwiegend das Augenmerk galt. Das ist uneingeschränkt zu begrüßen. Doch hat die Verbreiterung des Interesses einen wesentlichen Nachteil. Sie hat nämlich zu einer Aufgliederung der Archäologie in sehr verschiedene Spezialgebiete geführt, die einander oft kaum mehr zur Kenntnis nehmen. Diese sind meist durch die Gegenstände definiert, mit denen die jeweiligen Forscher sich beschäftigen, also den Materialklassen oder Gattungen. Diese Spezialisten treffen sich regelmäßig zu wissenschaftlichen Tagungen über griechische Vasen, hellenistische Keramik, antike Bronzen, römische Wandmalerei, antike Münzkunde und so fort. Doch haben nur ganz wenige Forscher die Zeit, mehrere dieser Kongresse zu besuchen, um sich in verschiedenen Gebieten auf dem Laufenden zu halten. Die extreme Spezialisierung der beteiligten Forscher, die man schon seit längerer Zeit beklagt, hält daher auch weiterhin an.

Darin liegt natürlich ein grundsätzliches Problem; denn je stärker man sich auf eine einzelne Materialklasse konzentriert, desto mehr gerät das historische Ganze der antiken Städte, Nekropolen und Heiligtümer, der Kulturlandschaften und Gesellschaften aus dem Blick. Und eine Rechtfertigung für das Tun eines Fachs lässt sich niemals aus übertriebenem Spezialistentum ableiten, sondern aus den Ergebnissen von global ansetzender Forschung, die zu grundsätzlichen Ergebnissen gelangt. Dennoch lassen sich einige wesentliche Grundtendenzen benennen, die die Archäologen in den vergangenen zwei bis drei Jahrzehnten insgesamt verfolgt haben.

Einen Ausweg aus der Sackgasse der Stil- und Formgeschichte schien am Ende der sechziger Jahre die ikonographische Forschung zu bieten. Dabei ging es um die Bedeutung der Bilder und die Suche nach Gründen für die Veränderung sowie überhaupt um die unterschiedliche Darstellung gleicher Themen zu verschiedenen Zeiten und in verschiedenen Gesellschaften.

Besonders einflussreich war in den siebziger und achtziger Jahren eine Forschungsrichtung, die daraus eine politische Ikonographie entwickelte. Ein gutes Beispiel dafür ist der Statuenschmuck der Forumsanlage, die der Kaiser Augustus in Rom errichten ließ (Abb. 27). Im Zentrum der Statuen und des anderen Schmucks, der in dieser Platzanlage versammelt war, stand die Familie des soeben im furchtbaren Bürgerkrieg zum Herrscher über das Römische Weltreich aufgestiegenen Augustus. Die gesamte vorhergehende Geschichte Roms und die mythischen Wurzeln der Stadt, Romulus, der erste, mythische König, und Aeneas, der aus Troja geflohene Urvater der Römer, wurden in dem Programm als Vorläufer des neuen Kaisers und seiner Dynastie dargestellt. Die römische Geschichte führte in dieser Sicht direkt auf Augustus und seine Machtübernahme hin. Das Augustusforum war ein besonders eindrucksvoller Fall für die Selbstdarstellung eines antiken Machthabers. Im Gefolge der Entdeckung dieser Programmatik haben viele

Archäologen versucht, allenthalben Statuen, Reliefs und andere Bilddokumente als Ausdruck von Selbstdarstellung oder sogar als ‹Propaganda› antiker Herrscher zu verstehen.

Unter dem Einfluss der modernen Zeichentheorie, der Semiotik, hat die Archäologie den ikonographischen Ansatz zu einer Betrachtungsweise fortgebildet, die das Bild als kulturelles Subjekt ansah. Wie eine textuelle Quelle können die Bilder demnach als Zeugnisse für die Gesellschaften analysiert werden, die sie hervorgebracht haben. Dabei geht es nicht um geschichtliche Ereignisse, sondern um tiefer liegende und länger andauernde Strukturen und Mentalitäten. Dieser Ansatz erlaubte es, Bilder, die nicht auf einen herrscherlichen Willen zurückgeführt werden konnten, als Ausdruck des Selbstgefühls von an der großen Geschichte unbeteiligten Personen zu interpretieren. Auf diese Weise gerieten die Ausstattungsprogramme von Privathäusern und privaten Villen in den Blick (Abb. 11), überdies die Selbstdarstellung namenloser Personen durch Ehrenstatuen (Abb. 16) oder im Bereich der Gräber (Abb. 10). Das einzelne Bild wurde auf diese Weise zu einer Quelle für die Sozialgeschichte und die ‹Mikrohistorie›, also sozusagen die Geschichte der einfachen Leute unterhalb der Gruppen, die in der großen Geschichte eine Rolle spielen.

Andererseits hat sich aus der ikonographischen eine anthropologische Richtung entwickelt. Der Begriff meint hier nicht die Anthropologie im medizinisch-anatomischen, sondern im historischen Sinn. Man spricht sogar von einer Richtung der historischen Anthropologie. Sie befasst sich mit dem Menschen, seinem Selbstgefühl, seiner Mentalität, seinen Empfindungen, der Sexualität usw.

In diese anthropologische Richtung gehört auch die Forschung, die sich mit dem Verhältnis zwischen den Altersstufen, den Generationen und den Geschlechtern beschäftigt. Von einer feministischen Archäologie kann in Deutschland anders als z. B. in den USA nicht die Rede sein; doch bedeutet das nicht, dass sich die deutsche Forschung diesem Themenkreis verschlossen hätte. Im Gegenteil, die Fragen nach dem Verhältnis zwischen den Geschlechtern und natürlich nach der Sexualität sowie den geschlechtsspezifischen Rollen und ihren gesellschaftlichen Hintergründen werden seit Jahren auch in der deutschen Archäologie intensiv diskutiert, übrigens gleichermaßen von Forschern beiderlei Geschlechts. Dazu gibt es aus der Antike reiches Bildmaterial (Abb. 39) und andere Quellen. Besonders die Bilder auf den griechischen Vasen, aber ebenso gut die weiblichen Porträts und die Funde aus Privathäusern erlauben wesentliche Aussagen auf diesem wichtigen Gebiet.

Abb. 39: Innenbild einer Trinkschale aus Athen mit erotischer Darstellung, rotfigurige Technik, 5. Jahrhundert v. Chr.

Die Forschungsrichtung, die sich mit der politischen und sozialen Aussage von Bildwerken und Skulpturen befasst hatte, hat im Laufe der achtziger Jahre einen noch globaleren Ansatz ausgebildet, nämlich die Urbanistik. Denn die Fragen nach den Aufstellungsorten, den Funktionsbereichen, den Auftraggebern und den Betrachtern der Bildwerke führte im Ergebnis auf die Stadt als Ganzes, in der sich der größte Teil der Bildmonumente ursprünglich befand. Daraus ist eine von Archäologen und Althistorikern oft gemeinsam betriebene Forschungsrichtung geworden, die die antiken Städte und ihre Bewohner insgesamt zum Thema macht. Diese Richtung analysiert nicht nur Bildwerke, sondern genauso Architektur, Wandmalereien und Gegenstände des täglichen Bedarfs und Ingenieurbauwerke, z. B. Brücken und Wasserleitungen, jeweils im Hinblick auf ihren Funktionsraum, nämlich die antiken Städte.

Etwa gleichzeitig, allerdings unabhängig davon, hat sich eine weitere Forschungsrichtung etabliert, die nach dem Umland der Städte fragt. Sie mündete in die bereits vorgestellte Surveyarchäologie, bei der große Flächen antiker Landschaften systematisch begangen und nach den Oberflächenfunden erfasst werden. Dieser Ansatz ist in Deutschland bisher nur punktuell vertreten worden. Surveyarchäologie ist vornehmlich von den Archäologen der angelsächsischen Länder betrieben worden.

In jüngster Zeit kann auch eine Tendenz zurück zur Erforschung der antiken Religionen beobachtet werden. Dies ist in gewisser Weise eine Facette der historischen Anthropologie. Unter dem Einfluss der politischen Kultur der späten sechziger und der frühen siebziger Jahre hatte man das Movens der Geschichte vor allem auf dem Gebiet der Politik gesucht. Dabei waren die Religion und die Religiosität der Menschen weitgehend aus dem Blick geraten. Doch wird in letzter Zeit zunehmend deutlich, dass die Religion ein wesentliches Element der antiken Gesellschaften gewesen ist. Besonders das Funktionieren der griechischen Polis, also des Stadtstaates, mit ihrer oft basisdemokratischen Ordnung fußte grundlegend auf der Religion.

Man kann auch eine starke Bemühung erkennen, die Spezialisierung zu überwinden oder jedenfalls den Spezialisten die Alternative einer globalen Betrachtungsweise anzubieten, durch die die verschiedenen Spezialgebiete mit ihren jeweiligen Mitteln zu einem globaleren Projekt, zu Fragen von umfassender Wichtigkeit beitragen können. Zudem wird in letzter Zeit immer wieder der enge Zusammenhang zwischen den Formen der Bildkunst und denen des Lebens hervorgehoben. Was in den Bildwerken dargestellt wurde, hatte seinen Ursprung irgendwo im täglichen Leben der jeweiligen Epoche. Wenn um 500 auf den Vasen Athens, das sich gerade auf den Weg zur Demokratie gemacht hatte, zahllose geradezu exzesshafte Darstellungen des Symposions, des Trinkgelages der Männer (Abb. 13), angebracht wurden, dann muss das seinen Grund irgendwo in dem ausgelassenen Verhalten bei den Symposien in dieser Zeit haben.

Wenn in den Bildern an den Wänden der Privathäuser Pompejis in der frühen Kaiserzeit fast nie öffentliche und politische Themen und überhaupt keine Herrscherporträts vorkommen, dann zeigt das, dass nach der hoch politisierten Epoche der späten römischen Republik Ruhe eingekehrt war. Die neue Ordnung, die Augustus eingerichtet hatte, brachte Frieden und Sicherheit, jedenfalls empfand man das so. Daher scherte man sich nicht mehr viel um Politik, sondern umgab sich mit schönen alten Bildern des Mythos, die besonders Aspekte wie Liebe, Zweisamkeit oder Erotik betonten.

Als zentrale Aufgabe für die Zukunft kann man die Betrachtung der archäologischen Fundobjekte von einem globalen Standpunkt aus nennen. Nicht die einzelne Statue, nicht das einzelne Wandgemälde, nicht das einzelne Vasenbild ist das Objekt einer sinnvollen und Ertrag versprechenden wissenschaftlichen Untersuchung, sondern die Therme, das Theater und die Platzanlage, in der die Statue aufgestellt war, das Haus, in dem das Gemälde eine Wand schmückte, das Gebäude, das Heiligtum oder das Grab, in dem die Vase benutzt wurde und ihren Funktionszusammenhang hatte.

Dabei wird zugleich deutlich, dass immer verschiedenartige Objekte gemeinsam den Lebensraum der Menschen beschreiben, denn in einem antiken Haus befanden sich außer Wandmalereien auch Mosaiken, Vasen, Bronzegeräte, Glas- und Metallobjekte usw. Eine Betrachtung, die allein eine dieser Materialklassen in den Blick nimmt, ist also vollkommen zwecklos, es sei denn, sie versuchte, eine methodische Grundlage, z. B. eine Chronologie, für die globalere Betrachtungsweise zu schaffen. Doch darf die Detailforschung das übergeordnete Ziel niemals aus den Augen verlieren.

Es sind also die Kontexte der Fundobjekte, auf die es wesentlich ankommt, die man als Grundlage für eine globale Betrachtungsweise beobachten und analysieren muss. Dabei stößt der Archäologe allerdings auf zwei wesentliche Schwierigkeiten. So ist es noch ein jüngerer wissenschaftlicher Standard, die Kontexte der Fundobjekte umfassend zu beschreiben. Daher gibt es immer nur für einen kleinen Teil der bekannten und in den Museen verwahrten Objekte Angaben über den Fundort oder den Fundzusammenhang.

Dazu kommt als zweites Problem die illegale Raubgräberei in

den antikenreichen Ländern des Südens. Auch die ur- und frühgeschichtliche und provinzialrömische Forschung in Deutschland haben darunter schwer zu leiden. Raubgräber interessieren sich nämlich meist nicht für Kontexte, denn dazu gehören auch unansehnliche Gebrauchsobjekte, unbemalte Keramik, verrostete Objekte aus Eisen oder Bronze. Diese sind auf dem Kunstmarkt wertlos, dort zählt nur das preziöse Einzelobjekt. Natürlich ist die Raubgräberei überall verboten. Zwar sind die Modalitäten über den Besitz an den Bodenfunden in allen Ländern verschieden geregelt. Doch bestätigen die Varianten durchweg, die von einer Anzeigepflicht bis zur obligatorischen Abgabe an den Staat reichen, dass ein öffentliches Interesse an den Bodenfunden besteht. Und die meisten Sammler erkennen schnell, was zerstört wird, wenn durch ihre Nachfrage nach Einzelobjekten antike Zusammenhänge auseinander gerissen werden. Die illegalen Raubgrabungen zerstören jede Möglichkeit, die Objekte in das Leben der Menschen in ihrer Zeit zu stellen. Und die Nachfrage des internationalen Kunsthandels und unüberlegter Sammler sind daran alles andere als schuldlos.

Dennoch, die Aufgabe für die Zukunft ist klar. Es kann nicht um das Einzelstück, sondern es muss um die großen, globalen Zusammenhänge gehen, um das Leben in historischen Zeiten. Das einzelne Objekt kann immer nur ein isolierter Mosaikstein sein; es kommt auf die Zusammenhänge, die Kontexte an. Allen Anfechtungen und auch Frustrationen zum Trotz muss an diesem großen Projekt weiterhin intensiv gearbeitet werden.

8. Nachwort

Der vorliegende Band ist keine Einführung in die Archäologie im klassischen Sinn. Er will nicht den Stand des Fachs in einer Momentaufnahme festhalten, nicht dessen Geschichte umfassend darstellen, keine Anhaltspunkte für die Wissenschaftler naher und ferner Nachbarfächer geben.

Vielmehr richtet er sich an Schüler, Abiturienten und die Studenten der ersten archäologischen Fachsemester an den Universitäten. Diese Zielgruppe soll eine möglichst konkrete Vorstellung davon bekommen, was Archäologie heute ist und was sie heute will. Den angehenden Studierenden sollen Hinweise auf Ansprechpartner und Quellen für Informationen an die Hand gegeben werden. Außerdem sollen sie einen möglichst konkreten Eindruck vom Archäologiestudium an den Universitäten erhalten.

Das von Burghard König entworfene Konzept dieser Serie «Orientierungen» in den Geistes- und Gesellschaftswissenschaften leuchtete dem Verfasser spontan ein. Nicht selten war er selbst während seiner Assistentenjahre an der Universität Göttingen mit den Fragen von Studienanfängern konfrontiert, auf die hier eine Antwort gegeben werden soll.

Es war freilich das Ziel, den angehenden Studierenden die Archäologie auf dem wissenschaftlichen Stand darzustellen, auf dem sie sich am Beginn des 21. Jahrhunderts befindet. Deshalb werden viele konkrete Beispiele aus der Forschung erwähnt, die charakteristisch sind für die Fragen, die die Archäologie stellt und beantworten will. Das geschieht in lockerer Form, ohne dem Text wissenschaftlichen Charakter zu geben. Außerdem wird das Gesagte durch Abbildungen illustriert. Archäologie ist ein Fach, das sich mit Objekten und Bildern beschäftigt!

An den Universitäten werden heute etwa sechs verschiedene archäologische Fächer gelehrt. Natürlich kann ein einzelner Verfasser nicht alle diese Disziplinen vollständig überblicken. Das Buch beschreibt daher vor allem die Situation der Griechisch-römischen (‹Klassischen›) Archäologie, die das Gebiet des Verfassers ist. Gleichwohl schien es wichtig, die anderen Archäologien zumindest zu streifen, denn am Anfang eines Archäologiestudiums steht immer die Frage, welche Archäologie man denn überhaupt studieren möchte. Ausführliche Informationen zu den anderen Archäologien geben die Einführungen in diese Fächer, die zumeist auf dem Buchmarkt erhältlich sind. Sie sind im Literaturverzeichnis zusammengestellt worden.

Viele Beispiele, die im Text erwähnt werden, entstammen natürlich der wissenschaftlichen Arbeit des Verfassers. Anderes ist den persönlichen Erfahrungen seiner wissenschaftlichen Laufbahn verpflichtet. Gleichwohl konnte diese «Orientierung» nicht entstehen ohne die Hilfe zahlreicher Fachkollegen. Namentlich gedankt sei vor allem diesen: M. Bentz (München), V. Brinkmann (München/Riederau), S. Eckardt, J. Fabricius und Chr. Freigang (alle Göttingen), Goethe Museum (Düsseldorf), D. Graepler (Göttingen), P. Gercke (Kassel), T. Hölscher (Heidelberg), der in liberaler Weise den Abdruck des langen Zitats im 1. Kapitel gestattete, H. Lohmann (Bochum), M. Moltesen (Kopenhagen), B. Seidensticker (Berlin), R. Senff (Bochum), F. Siegmund (Basel), außerdem den Museen und Institutionen, die Abbildungen zur Verfügung gestellt haben, und den studentischen Hilfskräften der Diathek des Leipziger Archäologischen Instituts, die viele der Abbildungsvorlagen hergestellt haben.

Leipzig, den 9. Oktober 1999, zehn Jahre nach der friedlichen Revolution

Anhang 1: Einführende Literatur

Einführungen in die anderen Archäologien

H. Jahnkuhn, Einführung in die Siedlungsarchäologie (Berlin 1977)

H. Müller-Karpe, Einführung in die Vorgeschichte (München 1975)

G. Fehring, Einführung in die Archäologie des Mittelalters (Darmstadt 1992)

E. Hornung, Einführung in die Ägyptologie (Darmstadt 1993)

A. Moortgat, Einführung in die Vorderasiatische Archäologie (Darmstadt 1971)

C. Andresen, Einführung in die Christliche Archäologie (Göttingen 1971)

G. Koch, Frühchristliche Kunst (Stuttgart 1995)

Geschichte der Archäologie

R. Bianchi Bandinelli, Klassische Archäologie. Eine kritische Einführung (München 1978)
Die immer noch lesenswerte Mitschrift einer Vorlesung des bedeutendsten italienischen Archäologen im mittleren 20. Jahrhundert. Der Text spiegelt die Umbruchsituation der späten sechziger Jahre.

R. Lullies – W. Schiering, Archäologenbildnisse (Mainz 1988)
Ein Sammelband mit Porträts und kurzen Lebensläufen deutschsprachiger Archäologen vom 18. bis zur Mitte des 20. Jahrhunderts.

S. L. Marchand, Down From Olympus. Archaeology and Philhellenism in Germany 1750–1970 (Princeton 1996)
Das Buch einer amerikanischen Historikerin gibt einen kenntnisreichen Überblick über die Archäologie, teilweise auch die anderen klassischen Altertumswissenschaften, und deren Stellung in Gesellschaft, Politik und den Wissenschaften seit dem 18. Jahrhundert.

Antike Kunst- und Kulturgeschichte im Überblick

B. Andreae, Römische Kunst (Freiburg 1973)
Der Klassiker zur römischen Kunst mit reichem Bildmaterial.

J. Martin u. a., Das alte Rom, Geschichte und Kultur des Imperium romanum (München 1994)

A. H. Borbein u. a., Das alte Griechenland. Geschichte und Kultur der Hellenen (München 1995)
Zwei jüngere Gesamtdarstellungen Griechenlands und Roms, in denen besonders die Verknüpfungen zwischen Geschichte und materieller Kultur deutlich gemacht werden.

Exemplarische Arbeiten zu einzelnen Themengebieten

P. Zanker, Forum Augustum. Das Bildprogramm (Tübingen 1968)

Ders., Forum Romanum (Tübingen 1972)
Exemplarische Arbeiten zur Deutung von Architektur und Skulptur im Kontext im Rom der augusteischen Epoche.

C. Bérard – J.-P. Vernant u. a., Die Bilderwelt der Griechen (Mainz 1985)
Eine wichtige Einführung in die Deutung antiker Bilder als Zeugnisse für gesellschaftliche Zustände, kollektive Normen und Verhaltensweisen.

P. Zanker, Augustus und die Macht der Bilder (München 1987)
Geschichtsschreibung mit archäologischen Quellen im besten Sinne. Eine ganze Epoche, die Zeit der Gründung des Römischen Kaiserreichs, wird in umfassender Weise lebendig.

T. Hölscher, Öffentliche Räume in frühen Griechischen Städten, Schriften der Philosophisch-Historischen Klasse der Heidelberger Akademie der Wissenschaften 7 (Heidelberg 1998)
Grundlegender Essay zu den frühen Formen der griechischen Städte und den Beziehungen zwischen Stadtplanung, Gesellschaftsstruktur und Religiosität.

Griechische Plastik

B. Fehr, Die Tyrannentöter, oder kann man der Demokratie ein Denkmal setzen? (Frankfurt a. M. 1984)
Griechische Skulpturen, das Denkmal für die Tyrannentöter in Athen, in ihrem historischen Kontext und ihre Nachwirkung bis in die Neuzeit.

H. J. Schalles, Der Pergamonaltar. Zwischen Bewertung und Verwertbarkeit (Frankfurt a. M. 1986)
Einführung und Analyse eines der erhaltenen Weltwunder der Antike unter Berücksichtigung seiner Funktion und der Umstände seiner Entstehung und Wirkung.

P. Zanker, Die Trunkene Alte. Das Lachen der Verhöhnten (Frankfurt a. M. 1990)
Zur Interpretation einer ungewöhnlich realistischen Skulptur aus der Zeit des Hellenismus.

L. Schneider – Ch. Höcker, Phidias (Reinbek 1993)
Knappe Biographie eines der bedeutendsten Bildhauer der griechischen Antike. Die antike Persönlichkeit wird im Kontext seiner Zeit und seiner Lebensumstände charakterisiert.

K. Fittschen (Hrsg.), Griechische Porträts (Darmstadt 1988)
Aufsatzsammlung zu den griechischen Porträts mit grundlegender Einführung (Originalbeitrag) des Herausgebers.

I. Scheibler, Sokrates in der griechischen Bildniskunst, Ausstellung München (München 1989)
Einführung in die griechischen Porträts anhand des Sokrates-Porträts.

B. Schmaltz, Griechische Grabreliefs (Darmstadt 1983; 2. Auflage Darmstadt 1995)
Viel gelesene Einführung in eine der größten Gattungen antiker griechischer Skulpturen, die jüngst wieder aufgelegt wurde. Allerdings nicht mehr ganz auf dem letzten Stand.

Weitere Literatur im Grundstudium

G. Lippold, Die griechische Plastik, Handbuch der Altertumswissenschaften III 1 (München 1950)
Handbuch zur griechischen Plastik, in vielem überholt, aber immer noch grundlegend.

W. Fuchs – J. Floren, Griechische Plastik – Die geometrische und archaische Zeit, Handbuch der Archäologie I 5 (München 1987)
Als Ersatz für das Handbuch von Lippold konzipiert. Vgl. aber die Rezension von A. H. Borbein, Gnomon 63, 1991, 529 ff.

J. Overbeck, Die antiken Schriftquellen zur Geschichte der bildenden Künste bei den Griechen (Leipzig 1868)
Antike Textquellen zu den bildenden Künsten im Urtext (lateinisch und griechisch).

J. J. Pollitt, The Art of Ancient Greece: Sources and Documents (Cambridge 1990)
Dasselbe in englischer Übersetzung, allerdings nicht so vollständig.

R. Lullies, Griechische Plastik (4. Auflage München 1979)
Überblickswerk empfehlenswert besonders wegen der sehr guten Abbildungen.

J. Boardman, Griechische Plastik – Die archaische Zeit (Mainz 1981)

Ders., Griechische Plastik – Die klassische Zeit (Mainz 1987)

Ders., Griechische Plastik – Die spätklassische Zeit (Mainz 1998)
Einführung und erster Überblick des englischen Autors.

H. Diepolder, Die attischen Grabreliefs (München 1931)
Das Standardwerk, in dem man eine stilistische Argumentation exemplarisch nachlesen und lernen kann.

R. Horn, Stehende weibliche Gewandstatuen in der hellenistischen Plastik, Römische Mitteilungen 2. Ergänzungsheft (Berlin 1931)
Ein Standardwerk zur besonders komplizierten Stilchronologie der hellenistischen Skulptur.

A. H. Borbein, Die griechische Statue des 4. Jhs. v. Chr., Jahrbuch des Deutschen Archäologischen Instituts 88, 1973, 43 ff.
Formgeschichte und ihre Deutung am Beispiel der Skulptur des 4. Jahrhunderts v. Chr.

T. Hölscher, Die Nike der Messenier und Naupaktier in Olympia. Kunst und Geschichte im 5. Jh. v. Chr., Jahrbuch des Deutschen Archäologischen Instituts 89, 1974, 70 ff.

L. Schneider, Zur sozialen Bedeutung der archaischen Korenstatuen (Hamburg 1975)
Zwei Standardwerke zur Interpretation antiker Skulpturen.

M. Oppermann, Vom Medusabild zur Athenageburt, Bildprogramme griechischer Tempelgiebel archaischer und klassischer Zeit (Leipzig 1990)
Ein nützliches Überblickswerk zum Skulpturenschmuck der griechischen Tempel.

A. H. Borbein, Polyklet, Göttingische Gelehrte Anzeigen 1982, 184–241
Polyklet – Der Bildhauer der griechischen Klassik, Ausstellung Frankfurt (Frankfurt a. M. 1990)
Überblicke zu einem der bedeutendsten griechischen Bildhauer.

B. Sismondo Ridgway, Hellenistic Sculpture 1 (Bristol 1990)

R. R. R. Smith, Hellenistic Sculpture (London 1991)
Zwei nützliche Überblickswerke zur hellenistischen Skulptur.

Römische Plastik

M. Bergmann, Marc Aurel, Liebieghaus Monographie 2 (Frankfurt a. M. 1978)
Sehr informatives Resümee der neuen Forschungen zum römischen Porträt, seit etwa 1970 an einem exemplarisch behandelten Porträt des Kaisers Marc Aurel. Ein wirkliches Lehrbuch.

K. Fittschen, Meleager Sarkophag, Liebieghaus Monographie 1 (Frankfurt a. M. 1975)
Didaktisch und inhaltlich hervorragend fundierte, exemplarische Analyse eines römischen Sarkophags. Als Lehrbuch gut geeignet.
G. Koch, Sarkophage der römischen Kaiserzeit (Darmstadt 1993)
Systematischer Überblick über eine ganze Gattung der römischen Skulptur.

Weitere Literatur im Grundstudium

G. Rodenwaldt, Über den Stilwandel in der antoninischen Kunst, Abhandlungen der Akademie der Wissenschaften Berlin (1935)
Klassischer Beitrag zur Formgeschichte der römischen Kunst und ihrer Interpretation.
K. Fittschen, Das Bildprogramm des Trajansbogens von Benevent; Archäologischer Anzeiger 1972, 742 ff.
Methodisch grundlegender Beitrag zur Deutung der römischen Staatsreliefs.
P. Zanker, Klassizistische Statuen (Mainz 1974)
Das Standardwerk zu den kaiserzeitlichen Kopien griechischer Statuen und ihrer Interpretation.
H. Sichtermann – G. Koch, Griechische Mythen auf römischen Sarkophagen (Tübingen 1975)
Dieselben, Römische Sarkophage, Handbuch der Archäologie (München 1982)
Handbücher mit vielen Abbildungen zu den reliefverzierten Sarkophagen der römischen Kaiserzeit.
M. Oppermann, Römische Kaiserreliefs (Leipzig 1985)
Überblickswerk über die römischen Staatsreliefs.

Antike Architektur und ihre Deutung

H. Lauter, Architektur des Hellenismus (Darmstadt 1986)
Überblick auf hohem Niveau über die besonders vielfältige und experimentierfreudige Architektur der Zeit nach Alexander d. Gr.
H. Mielsch, Die römische Villa. Architektur und Lebensform (München 1988)
Überblick über die Lebensweise der römischen Oberschicht auf ihren Landgütern und in ihren Luxusvillen.
W. Müller-Wiener, Griechisches Bauwesen in der Antike (München 1988)
Grundlegender Überblick über wichtige Bereiche der griechischen Architektur.

H. von Hesberg, Römische Grabbauten (Darmstadt 1992)
Lesenswerte und nützliche Einführung in die Form- und Sozialgeschichte
einer wichitgen römischen Gattung privater Architektur.
P. Zanker, Pompeji, Stadtbild und Wohngeschmack (Mainz 1995)
Exemplarische Arbeiten zur ideologischen und mentalitätsgeschichtli-
chen Deutung von Stadtbildern und Privatarchitektur.

Antike Topographie

F. Coarelli, Rom (1975)
Überblick über die Archäologie Roms von dem besten Kenner der Mate-
rie. Archäologisches Basiswissen und Reisebegleiter.
E. La Rocca u. a., Pompeji (1979)
Überblick über die vom Vesuv verschütteten antiken Städte. Archäologi-
sches Basiswissen und Reisebegleiter.
J. M. Camp, Die Agora von Athen (Mainz 1989)
L. Schneider – C. Höcker, Die Akropolis von Athen. Antikes Heiligtum
und modernes Reiseziel (Köln 1990)
Überblicke über Geschichte und Archäologie des wichtigsten Heiligtums
und des Marktplatzes des antiken Athen. Basiswissen.
W. Radt, Pergamon (Darmstadt 1999)
Überblick des langjährigen Ausgräbers. Basiswissen.
E. Nash, Bildlexikon zur Topographie des antiken Rom I + II (Tübingen
1961)
M. Steinby (Hrsg.), Lexikon topographicum urbis Romae I ff. (Rom
1993 ff.)
J. Travlos, Bildlexikon zur Topographie des antiken Athen (Tübingen
1971)
Ders., Bildlexikon zur Topographie des antiken Attika (Tübingen 1988)
Archäologische Lexika zu Athen und Rom.

Antike Keramik und Malerei

Kunst der Schale, Kultur des Trinkens, Ausstellung München (München
1991)
Ausstellungskatalog zur exemplarischen Funktion der Trinkgefäße beim
griechischen Gastmahl (Symposion) und zur gesellschaftlichen Bedeutung
ihrer Bilder.

I. Scheibler, Griechische Malerei der Antike (München 1994)
Einführung in die am meisten geschätzte Kunstgattung der Antike, die allerdings nur in sehr geringen Resten erhalten geblieben ist.
I. Scheibler, Griechische Töpferkunst (München 1983; 2. Auflage München 1995)
Gut lesbare Einführung in die Kulturgeschichte der antiken Keramik einer der besten Kennerinnen auf diesem Gebiet.

Weitere Literatur im Grundstudium
N. Himmelmann, Erzählung und Figur in der archaischen Kunst, Abhandlungen der Akademie der Wissenschaften Mainz (Mainz 1967)
Klassischer Beitrag zum Verständnis antiker Bilder.
Looking at Greek Vases, Hrsg. N. Spivey (London 1995)
J. Boardman, Early Greek Vase Painting (London 1998)
Ders., Schwarzfigurige Vasen aus Athen (Mainz 1977)
Ders., Rotfigurige Vasen aus Athen – Die archaische Zeit (Mainz 1981)
Ders., Rotfigurige Vasen aus Athen – Die klassische Zeit (Mainz 1991)
A. D. Trendall, Rotfigurige Vasen aus Unteritalien und Sizilien (Mainz 1991)
Überblickswerke englischer Autoren zur griechischen Keramik.

Antike Münzkunde (Numismatik)

K. Christ, Einführung in die antike Numismatik (Darmstadt 1972)
M. R.-Alföldy, Antike Numismatik I + II (Mainz 1978)
Zwei Einführungen von hervorragenden Kennern der jeweiligen Materie.

Ikonographie und Mythologie

K. Schefold, Götter- und Heldensagen der Griechen in der spätarchaischen Kunst (München 1978)
Ders., Die Göttersage in der klassischen und hellenistischen Kunst (München 1981)
K. Schefold – F. Jung, Die Urkönige, Perseus, Bellerophon, Herakles und Theseus in der klassischen und hellenistischen Kunst (München 1988)
Dies., Die Sagen von den Argonauten, von Theben und Troia in der klassischen und hellenistischen Kunst (München 1989)
Reich bebilderte Serie zu den mythologischen Darstellungen der griechischen und römischen Kunst.

G. Schwab, Die schönsten Sagen des klassischen Altertums
Klassiker zum kontinuierlichen Kennenlernen der antiken Mythologie.
Roscher, Lexikon der griechischen und römischen Mythologie, I–VI und
Sppl. (1884–1921)
H. Hunger, Lexikon der griechischen und römischen Mythologie (1953)
H.-K. und S. Lücke, Antike Mythologie (Reinbek 1999)
Lexikon Iconographicum Mythologiae Classicae 1 ff. (Zürich 1983 ff.)
Nachschlagewerke zur antiken Mythologie teils aufgrund von Textquellen, teils aufgrund der Bildwerke.

Zur Einführung in die Geschichte der antiken Welt

O. Murray, Das frühe Griechenland (München 1982)
J. K. Davies, Das klassische Griechenland (München 1983)
F. Walbank, Die hellenistische Welt (München 1983)
M. Crawford, Die römische Republik (München 1984)
C. Wells, Das römische Reich (München 1985)
Sachorientierter Überblick über die Geschichte der antiken Welt ohne Ballast an Zahlen und Ereignissen. Die in England entstandene Serie wurde ins Deutsche übersetzt und als Taschenbuch mehrfach wieder aufgelegt.

Weitere Literatur im Grundstudium
J. Boardman, Kolonien und Handel der Griechen (München 1981)
Sehr lesenswerte Einführung in die Archäologie der griechischen Kolonisationsbewegung.
M. Austin – P. Vidal-Naquet, Gesellschaft und Wirtschaft im antiken Griechenland (München 1984)
G. Alföldy, Römische Sozialgeschichte (3. Auflage Wiesbaden 1984)

Archäologie im Internet

S. Altekamp – P. Tiedemann, Internet für Archäologen (Darmstadt 1999)
Übersicht über archäologische Webadressen mit kurzen Kommentaren.
Vgl. auch Anhang 3.

Lexika

Pauly – Wissowa, Realencyclopädie der klassischen Altertumswissenschaft
(1894 ff.) (kurz: «RE»)
Grundlegendes Lexikon der Klassischen Altertumswissenschaft, begon-

nen 1894. Archäologisch meist nicht mehr auf der Höhe der Zeit, jedoch
für die Textquellen grundlegend.

Der Kleine Pauly I – V (Stuttgart 1964–75)
Kurzfassung des Vorhergehenden, begonnen 1964.

Der Neue Pauly I ff. (Stuttgart – Weimar 1996 ff.)
Aktualisierte Fassung der ‹Realencyclopädie›, begonnen 1996 und noch
nicht abgeschlossen.

Lexikon der Alten Welt (Zürich – Stuttgart 1965)
Lexikon zu den Klassischen Altertumswissenschaften auf dem Stand der
sechziger Jahre.

Enciclopedia dell'arte antica I–VII, 1. Supplement (Rom 1958 ff.), 2. Supplement 1994 ff.
Italienische Enzyklopädie zur antiken Kunst mit aktuellem Supplement
von 1994.

Princeton Encyclopedia of Classical Sites (Princeton 1976)
Topographisches Lexikon zu den antiken Städten und Orten mit reichen
Angaben zu ihrer Geschichte und den archäologischen Funden.

Anhang 2: Adressen der archäologischen Institute und Seminare

Klassische Archäologie in Deutschland

Augsburg: Fach Klassische Archäologie der Universität, Universitätsstr. 10, D-86135 Augsburg, Tel. 08 21/5 98 55 49/55 02/52 83 – Fax 08 21/ 5 98 55 01
e-mail: valentin.kockel@phil.uni-augsburg.de

Bamberg: Lehrstuhl für Alte Geschichte, Fach Klassische Archäologie der Otto-Friedrich Universität, Fischstr. 5 und 7, D-96045 Bamberg, Tel. 09 51/8 63 23 47 – Fax 09 51/8 63 23 48
e-mail: werner.huss@ggeo.uni-bamberg.de

Berlin: Seminar für Klassische Archäologie der Freien Universität, Kiebitzweg 11, D-14195 Berlin, Tel. 0 30/8 38 37 12 – Fax 0 30/8 38 65 78
Winckelmann-Institut, Institut für Kultur- und Kunstwissenschaften, Humboldt-Universität Berlin, Philosophische Fakultät 111, Unter den Linden 6, D-10099 Berlin, Tel. 0 30/20 93 22 65 – Fax 0 30/20 93 24 94

Bochum: Institut für Archäologie – Ruhr-Universität Bochum, Universitätsstr. 150, D-44780 Bochum, Tel. 02 34/7 00 25 28 – 38 93 – 47 36 – Fax 02 34/7 09 42 34
e-mail: volkmar.vongraeve@rz.ruhr-uni-bochum.de

Bonn: Archäologisches Institut der Universität, Am Hofgarten 21, D-53113 Bonn, Tel. 02 28/73 50 11 – Fax 02 28/73 72 82

Darmstadt: Technische Universität Darmstadt, Fachgebiet Klassische Archäologie, Fachbereich 15 Architektur, EI- Lissitzky Str. 1, D-64287 Darmstadt, Tel. 0 61 51/16 21 30 – Fax 0 61 51/16 60 14
e-mail: gfischer@hrzpub.tudarmstadt.de

Eichstätt: Katholische Universität – Professur für Klassische Archäologie, Ostenstr. 26 – 28, D-85071 Eichstätt, Tel. 0 84 21/93 15 43 – Fax 0 84 21/ 93 17 97

Erlangen: Institut für Klassische Archäologie der Universität, Kochstr. 4/19, D-91054 Erlangen, Tel. 0 91 31/8 52 23 91 – 3 – Fax 0 91 31/8 52 63 94 e-mail: inst@hermes.phil.uni-erlangen.de, e-mail: uakreili@phil.uni-erlangen.de

Frankfurt: Archäologisches Institut der J. W. Goethe-Universität, Gräfstr. 76, D-60054 Frankfurt a. M., Tel. 0 69/79 81 21 50 – Fax 0 69/79 82 50 09 e-mail: H.Schulze@em.uni-frankfurt.de

Freiburg: Archäologisches Institut der Universität, Fahnenbergplatz, D-79085 Freiburg, Tel. 07 61/2 03 30 72 – Fax 07 61/2 03 31 13 e-mail: leschke@ruf.uni-freiburg.de

Gießen: Justus-Liebig-Universität, FB 08, Professur f. Klass. Archäologie, Otto-Behagel-Straße 10/D, D-35394 Gießen, Tel. 06 41/9 92 80 50 – 2 80 51 bis 2 80 54 – Fax 06 41/9 92 80 59 e-mail: norbert.eschbach@geschichte.uni-giessen.de

Göttingen: Archäologisches Institut der Universität, Nikolausberger Weg 15, D-37073 Göttingen, Tel. 05 51/39 75 02 – 92 36 – Fax 05 51/39 20 62 e-mail: ifabric@gwdg.de

Greifswald: Ernst-Moritz-Arndt-Universität, Institut für Altertumswissenschaften, Rudolf-Petershagen-Allee 1, D-17487 Greifswald, Tel. 0 38 34/86 31 00 – 31 01- Fax 0 38 34/86 31 08

Halle – Wittenberg: Martin-Luther-Universität Halle-Wittenberg, Institut für Klassische Altertumswissenschaften – Seminar für Klassische Archäologie, Universitätsplatz 12 (Robertinum), D-06099 Halle (Saale), Tel. 03 45/5 52 40 18 – 40 19 – 40 23 – Fax 03 45/5 52 – 70 69

Hamburg: Archäologisches Institut der Universität, Johnsallee 35, D-20148 Hamburg, Tel. 0 40/4 28 38 – Fax 0 40/41 23 32 55

Heidelberg: Archäologisches Institut der Universität, Marstallhof 4, D-69117 Heidelberg, Tel. 0 62 21/54 25 12 – 25 11 – Fax 0 62 21/54 33 85

Jena: Friedrich-Schiller-Universität Jena, Institut für Altertumswissenschaften – Lehrstuhl für Klassische Archäologie, Kahlaische Straße 1, D-07745 Jena, Tel. 0 36 41/9 44 8 26 – 20 – Fax 0 36 41/9 44 8 02 e-mail: guenther.schoerner@rz.uni-jena.de

Kiel: Archäologisches Institut der Christian-Albrechts-Universität, D-24098 Kiel, Tel. 04 31 / 8 80 20 53 – Fax 04 31 / 8 80 73 09

Köln: Archäologisches Institut der Universität Köln, Albertus Magnus Platz, 50923 Köln, Tel. 02 21 / 4 70 57 17 – Fax 02 21 / 4 70 50 99
e-mail: foertsch@uni-koeln.de
internet: www.uni-koeln.de / phil-fak / ai

Leipzig: Institut für Klassische Archäologie der Universität Leipzig, Ritterstr. 14, D-04109 Leipzig, Tel. 03 41 / 9 73 07 00 – Fax 03 41 / 9 73 07 09
e-mail: pmueller@rz.uni-leipzig.de

Mainz: Institut für Klassische Archäologie der Johannes Gutenberg-Universität, FB 15 – Philologie 111, Saarstr. 21, D-55099 Mainz, Tel. 0 61 31 / 39 27 53 – Fax 0 61 31 / 39 30 73
e-mail: schollme@mail.uni-mainz.de

Mannheim: Archäologisches Seminar der Universität, Schloß, D-68131 Mannheim, Tel. 06 21 / 2 92 15 27 – Fax 06 21 / 2 92 51 40
e / mail: stupperi@rumrns.uni / mannheim.de
internet: www.webrum.uni / mannheim.de / ggeo / misch / sak.html

Marburg: Archäologisches Seminar der Philipps-Universität, Biegenstr. 11, D-35037 Marburg, Tel. 0 64 21 / 28 23 41 – 23 54 – Fax 0 64 21 / 28 89 77
e-mail: hartung@mailer.uni-marburg.de

München: Institut für Klassische Archäologie der Universität München, Meiserstr. 10, D-80333 München, Tel. 0 89 / 28 92 76 81 – Fax 0 89 / 28 92 76 80
e-mail: Dickmann@ka.fak 12.uni-muenchen.de
Internet: www.fak 12.uni-muenchen.de / ka

Münster: Archäologisches Seminar und Museum der Universität, Domplatz 20 – 22, D-48143 Münster, Tel. 02 51 / 8 32 45 81 – Fax 02 51 / 8 32 54 22

Regensburg: Institut für Klassische Archäologie der Universität, Universitätsstr. 31, D-93040 Regensburg, Tel. 09 41 / 9 43 37 56 – 31 55 – Fax 09 41 / 9 43 19 83
e-mail: burkhardt.wesenberg@sprachlit.uni-regensburg.de

Rostock: Institut für Altertumswissenschaften, FG Klassische Archäologie der Universität, Universitätsplatz 1, D-18051 Rostock, Tel. 03 81/4 98 27 82–27 83–27 86 – Fax 03 81/4 89 27 87
e-mail: lorenz.winkler-horacek@philfak.uni-rostock.de
internet: www.uni-rostock.de/fakult/philfak/fkw/iaw/home.htm

Saarbrücken: Universität des Saarlandes, Fachrichtung 7,5, Alte Geschichte und Klassische Archäologie, Institut für Klassische Archäologie, Am Stadtwald, D-66123 Saarbrücken, Tel. 06 81/3 02 33 15–23 15 –
Fax 06 81/3 02 42 34
e-mail: klarch.sek@rz.uni-sb.de

Trier: Universität Trier – FB 111 – Archäologisches Institut, Universitätsring 13, D-54286 Trier, Tel. 06 51/2 01 24 32 – Fax 06 51/2 01 39 26

Tübingen: Institut für Klassische Archäologie der Eberhard-Karls-Universität, Schloß Hohentübingen, D-72070 Tübingen, Tel. 0 70 71/2 97 85 46 –
Fax 0 70 71/29 57 78

Würzburg: Seminar für Klassische Archäologie der Universität, Residenzplatz 2, Tor A, D-97070 Würzburg, Tel. 09 31/31 28 66–25 93 – Fax 09 31/1 30 37
e-mail: i-archaeology@mail.uni-wuerzburg.de

Klassische Archäologie in Österreich

Graz: Institut für Klassische Archäologie der Universität, Universitätsplatz 3/11, A-8010 Graz, Tel. 0 04 31/0 31 63 80 23 85–86–87–90 –
Fax 0 04 31/0 31 63 80 91 40
e-mail: klawww@kfunigraz.ac.at

Innsbruck: Institut für Klassische Archäologie der Universität, Innrain 52 A-6020 Innsbruck, Tel. 05 12/5 07 42 71 – Fax 05 12/5 07 29 89

Salzburg: Institut für Klassische Archäologie der Universität, Residenzplatz 1/11, A-5020 Salzburg, Tel. 06 62/80 44 45 50 – Fax 06 62/8 04 41 52
e-mail: gabriele.maler-gruener@sbg.ac.at

Wien: Institut für Klassische Archäologie Universität Wien, Franz Klein-Gasse 1, A-1190 Wien, Tel. 00 43/4 27 74 06 01 – Fax 00 43/42 77 94 06
e-mail: Klass-Archaeologie@univie.ac.at

Klassische Archäologie in der Schweiz

Basel: Archäologisches Seminar der Universität, Schönbeinstr. 20, CH-4056 Basel, Tel. 00 41 / 6 12 67 30 63 – Fax 00 41 / 6 12 67 30 68

Bern: Institut für Klassische Archäologie der Universität, Länggass-Str. 10, CH-3012 Bern, Tel. 00 41 / 3 16 31 89 91 – 2 – Fax 00 41 / 3 16 31 49 05
e-mail: dietrich.willers@arch.unibe.ch

Freiburg (Fribourg): Seminar für Klassische Archäologie, 16, Rue Pierre-Aeby, CH-1700 Fribourg, Tel. 0 37 / 29 78 30
Sprachliche Durchführung der Vorlesungen in Abstimmung mit den Hörern; Seminare generell dreisprachig.

Zürich: Archäologisches Institut der Universität, Rämistr. 73, CH-8006 Zürich, Tel. 00 41 / 16 34 28 11 – 28 15 – Fax 00 41 / 0 16 34 49 02
internet: www.unizh.ch / VV-all / WS99 / phill / ENTRY030.html

Ur- und Frühgeschichte in Deutschland

Bamberg: Lehrstuhl für Archäologie des Mittelalters und der Neuzeit, Universität Bamberg, Am Kranen 1 – 3, 96045 Bamberg, Tel. 09 51 / 8 63 23 87 – Fax 09 51 / 8 63 53 87 – 11 93
e-mail: ingolf.ericsson@ggeo.uni-bamberg.de

Berlin: Institut für Prähistorische Archäologie, Freie Universität, Fachbereich Geschichts- und Kunstwissenschaften, Altsteinstr. 15, 14195 Berlin, Tel. 0 30 / 8 38 42 54 – Fax 0 30 / 8 38 58 73
e-mail: free@fub46.zedat.fu-berlin.de
Lehrstuhl für Ur- und Frühgeschichte, Humboldt Universität, Hausvogteiplatz 5 – 7, 10117 Berlin, Tel. 0 30 / 20 24 66 70 – Fax 0 30 / 20 24 66 88
e-mail: claudia=theune@geschichte.hu-berlin.de

Bochum: Lehrstuhl für Vor- und Frühgeschichte, Fakultät für Geschichtswissenschaft, Universitätsstr. 150, Gebäude GA 6 / 56 – 60, 44780 Bochum, Tel. 02 34 / 7 00 25 46 – Fax 02 34 / 7 09 42 40

Bonn: Institut für Vor- und Frühgeschichte, Rheinische Friedrich-Wilhems-Universität, Regina-Pacis-Weg 7, 53113 Bonn, Tel. 02 28 / 73 73 25 – Fax 02 28 / 73 74 66
e-mail: vfgarch@uni-bonn.de

Erlangen: Institut für Ur- und Frühgeschichte, Universität Erlangen-Nürnberg, Kochstr. 4, 91054 Erlangen, Tel. 0 91 31 / 8 52 92 86 – Fax 0 91 31 / 8 52 63 94
e-mail: plaltuf@phil.uni-erlangen.de

Frankfurt: Seminar für Vor- und Frühgeschichte, Universität Frankfurt a. M., Arndtstr. 11, 60325 Frankfurt a. M., Tel. 0 69 / 79 82 22 20 – Fax 0 69 / 79 82 84 20

Freiburg: Institut für Ur- und Frühgeschichte, Belfortstr. 22, 79085 Freiburg, Tel. 07 61 / 2 03 33 82 – Fax 07 61 / 20 33 80
e-mail: kirstenr@uni-freiburg.de

Gießen: Professur für Ur- und Frühgeschichte, Justus-Liebig-Universität Gießen, Otto Behagelstr. 10, 35394 Gießen, Tel. 06 41 / 9 92 80 21 – 22

Göttingen: Seminar für Vor- und Frühgeschichte, Universität Göttingen, Nikolausbergerweg 15, 37073 Göttingen, Tel. 05 51 – 39 50 82 – Fax 05 51 – 39 64 59
e-mail: ufg@gwdg.de

Greifswald: Lehrstuhl für Ur- und Frühgeschichte, Ernst-Moritz-Arndt-Universität Greifswald, Hans-Fallada Str. 1, 17487 Greifswald, Tel. 0 38 34 / 86 32 41 – Fax 0 38 34 / 86 32 42
e-mail: muelleru@rz.unigreifswald.de

Halle: Institut für Prähistorische Archäologie, Martin-Luther-Universität Halle, Brandbergweg 23 c, 06099 Halle / Saale, Tel. 03 45 / 5 52 40 51 – Fax 03 45 / 5 52 70 57
e-mail: g.speler@praehist.uni-halle.de

Hamburg: Archäologisches Institut der Universität, Johnsallee 35, 20148 Hamburg, Tel. 0 40 / 41 23 47 55 – Fax 0 40 / 41 23 32 55

Heidelberg: Institut für Ur- und Frühgeschichte und Vorderasiatische Archäologie, Marstallhof 4, 69117 Heidelberg, Tel. 0 62 21 / 54 25 40 – Fax 0 62 21 / 54 25 26

Jena: Institut für Ur- und Frühgeschichte, Friedrich-Schiller-Universität, Löbdergraben 24 a, 07743 Jena, Tel. 0 36 41 / 94 48 90

Kiel: Institut für Ur- und Frühgeschichte, Christian-Albrechts Universität, Olshausen 40, 24098 Kiel, Tel. 04 31 / 8 80 23 34 – Fax 04 31 / 8 80 73 00
e-mail: sekretariat@ufg.uni-kiel.de

Köln: Institut für Ur- und Frühgeschichte, Weyertal 125, 50923 Köln, Tel. 02 21 / 4 70 23 06 – Fax 02 21 / 4 70 48 92

Leipzig: Historisches Seminar, Lehrstuhl für Ur- und Frühgeschichte, Universität Leipzig, Ritterstr. 14, 04109 Leipzig, Tel. 03 41 / 9 73 70 51 – 69 – Fax 03 41 / 9 73 70 46

Mainz: Institut für Vor- und Frühgeschichte, Universität Mainz, Schöbornerhof – Südflügel, Schillerstr. 11, 55116 Mainz, Tel. 0 61 31 / 39 26 67 – Fax 0 61 31 / 22 67 14
e-mail: archvfg@mail.uni-mainz.de

Marburg: Vor- und Frühgeschichtliches Seminar, Philipps-Universität Marburg, Biegenstr. 11, 35037 Marburg, Tel. 0 64 21 / 2 82 23 48 – Fax 0 64 21 / 2 82 89 01
e-mail: vorgesch@mailer.uni-marburg.de

München: Institut für Vor- und Frühgeschichte und Provinzialrömische Archäologie, Ludwig-Maximilians-Universität, Geschwister-Scholl-Platz 1, 80539 München, Tel. 0 89 / 21 80 55 30 – Fax 0 89 / 21 80 55 62

Münster: Seminar für Ur- und Frühgeschichte, Westfälische Wilhelms-Universität, Domplatz 20 – 22, 48143 Münster, Tel. 02 51 / 8 32 45 41 – Fax 02 51 / 8 32 45 45
e-mail: ufg@uni-muenster.de

Regensburg: Lehrstuhl für Vor- und Frühgeschichte, Universität Regensburg, Postfach, 93040 Regensburg, Tel. 09 41 / 9 43 49 19 – Fax 09 41 / 9 43 19 78

Rostock: Institut für Altertumswissenschaften, Fachgebiet Ur- und Frühgeschichte, Universitätsplatz 1, 18051 Rostock, Tel. 03 81 / 4 98 27 24 – Fax 03 81 / 4 98 27 20

Saarbrücken: Institut für Vor- und Frühgeschichte und Vorderasiatische Archäologie, Fachrichtung 7.4, Postfach 151 150, 66041 Saarbrücken, Tel. 06 81 / 3 02 23 16 – Fax 06 81 / 3 02 33 76

Tübingen: Institut für Ur- und Frühgeschichte und Archäologie des Mittelalters, Schloß Hohentübingen, 72070 Tübingen, Tel. 0 70 71 / 2 97 64 57 Fax 0 70 71 / 29 57 14

Würzburg: Institut für Archäologie sowie Vor- und Frühgeschichte, Lehrstuhl Vor- und Frühgeschichte, Residenzplatz 2, 97070 Würzburg, Tel. 09 31 / 31 28 01 – Fax 09 31 / 8 88 70 51

Ur- und Frühgeschichte in Österreich

Innsbruck: Institut für Ur- und Frühgeschichte, Universität Innsbruck, Innrain 52, A-6020 Österreich, Tel. 00 43 / 51 25 07 43 21 – Fax 00 43 / 51 25 07 28 86
e-mail: Ur-Fruehgeschichte@uibk.ac.at

Wien: Institut für Ur- und Frühgeschichte der Universität Wien, Franz-Klein-Gasse 1, A-1190 Wien, Tel. 00 43 / 2 22 31 35 23 65 – Fax 00 43 / 2 22 31 35 23 50

Ur- und Frühgeschichte in der Schweiz

Basel: Seminar für Ur- und Frühgeschichte, Petersgraben 9–11, CH-4051 Basel, Tel. 00 41 / 06 12 67 23 40 – Fax 00 41 / 0 61 67 23 41

Bern: Institut für Ur- und Frühgeschichte und Archäologie der römischen Provinzen, Bernastr. 15A, CH-3005 Bern, Tel. 0 31 / 3 50 10 10 – Fax 0 31 / 3 50 10 19

Zürich: Abteilung für Ur- und Frühgeschichte, Universität Zürich, Karl-Schmid-Str. 4, CH-8006 Zürich, Tel. 00 41 / 16 34 38 31 – Fax 00 41 / 16 34 49 92
e-mail: prehist@unihist.unizh.ch

Provinzialrömische Archäologie in Deutschland

Frankfurt: Seminar für Griechische und Römische Geschichte, Abt. 11, Geschichte und Kultur der römischen Provinzen sowie Hilfswissenschaften der Altertumskunde, Gräfstr. 76 EG/VII, Postfach 111 932, 60054 Frankfurt, Tel. 0 69 / 79 82 22 86 – Fax 0 69 / 79 82 28 98
e-mail: roem.prov.num.epgr@em.uni-frankfurt.de

Freiburg: Provinzialrömische Archäologie der Universität, Glacisweg 7, 79098 Freiburg, Tel. 0761/2033407 – Fax 0761/2033403
e-mail: nuber@ruf.uni-freiburg.de

Köln: Abteilung Provinzialrömische Archäologie am Archäologischen Institut, Albertus Magnus Platz, 50923 Köln, Tel. 0221/4705717 – Fax 0221/4705099

München: Institut für Vor- und Frühgeschichte und Provinzialrömische Archäologie, Ludwig-Maximilians-Universität, Geschwister-Scholl-Platz 1, 80539 München, Tel. 089/21805530 – Fax 089/21805562

Passau: Archäologie der Römischen Provinzen, Universität Passau Innstr. 55, 94032 Passau, Tel. 0851/5092831 – Fax 0851/5092203
e-mail: qbbend01@fsuni.rz.uni-passau.de

Provinzialrömische Archäologie in der Schweiz

Bern: Institut für Ur- und Frühgeschichte und Archäologie der römischen Provinzen, Bernastr. 15A, CH-3005 Bern, Tel. 031/3501010 – Fax 031/3501019

Vorderasiatische Archäologie in Deutschland

Berlin: Seminar für Vorderasiatische Altertumskunde der Freien Universität, Bitterstr. 8–12, 14195 Berlin, Tel. 030/8382057 – Fax 030/8314252
e-mail: mbonifac@zedat.fu/berlin.de

Frankfurt: Archäologisches Institut der J. W. Goethe-Universität, Gräfstr. 76, 60054 Frankfurt, Tel. 069/79812150 – Fax 069/79825009
e-mail: H.Schulze@em.uni-frankfurt.de

Freiburg: Orientalisches Seminar der Universität, Vorderasiatische Altertumskunde, Werthmannplatz 3, 79085 Freiburg, Tel. 0761/2033144 – Fax 0761/2033152
e-mail: mheinz@sun2.ruf.uni-freiburg.de
internet: htip/www.uni-freiburg.de/aorient/aohome.html

Halle: Martin-Luther-Universität Halle-Wittenberg, Institut für Orientalische Archäologie und Kunst, Brandbergweg 23 c, 06099 Halle (Saale), Tel. 03 45/5 52 40 40 Fax: 03 45/5 52 70 56
e-mail: sekretariat@orientarch.uni-halle.de

Hamburg: Archäologisches Institut der Universität, Johnsallee 35, 20148 Hamburg, Tel. 0 40/4 28 38 – Fax 0 40/41 23 32 55

Heidelberg: Seminar für Sprachen und Kulturen des Vorderen Orients/ Assyrologie, Universität Heidelberg, Hauptstr. 126, 69117 Heidelberg, Tel. 0 62 21/54 29 65 – Fax 0 62 21/54 36 19
Institut für Ur- und Frühgeschichte und Vorderasiatische Archäologie Marstallhof 4, 69117 Heidelberg, Tel. 0 62 21/54 25 40 – Fax 0 62 21/ 54 25 26

Mainz: Institut für Ägyptologie/Vorderasiatische Archäologie, der Johannes Gutenberg-Universität, Saarstr. 21, 55099 Mainz, Tel. 0 61 31/39 39 94 Fax 0 61 31/39 54 09

Marburg: Fachbereich Außereuropäische Sprachen und Kulturen der Philipps-Universität, Fachgebiet Altorientalistik, Wilhelm-Röpke-Str. 6 F 3, 35039 Marburg, Tel. 0 64 21/28 46 15 – Fax 0 64 21/28 49 95
e-mail: osten@mailer.uni-marburg.de

München: Institut für Vorderasiatische Archäologie der Universität, Geschwister-Scholl-Platz 1, 80593 München, Tel. 0 89/21 80 54 90 –
Fax 0 89/21 80 56 58
e-mail: vordas.arch@lrz.uni-muenchen.de
vordasarch.fachschaft@lrz.uni-muenchen.de
internet: www.vaa.fak 12.uni-muenchen.de/

Münster: Institut für Altorientalische Philologie und Vorderasiatische Altertumskunde, Rosenstr. 9, 48143 Münster, Tel. 02 51 – 8 32 45 32 –
Fax 02 51 – 8 32 99 34

Saarbrücken: Institut für Vor- und Frühgeschichte und Vorderasiatische Archäologie der Universität des Saarlandes, Fachrichtung 7.4, 66041 Saarbrücken, Tel. 06 81/3 02 23 16 – Fax 06 81/3 02 33 76

Tübingen: Altorientalisches Seminar der Eberhard-Karls-Universität, Schloß Hohentübingen, 72070 Tübingen, Tel. 0 70 71/2 97 21 93 –
Fax 0 70 71/29 50 56

Vorderasiatische Archäologie in Österreich

Innsbruck: Institut für Sprachen und Kulturen des Alten Orients an der Universität, Bereich Vorderasiatische Archäologie, Innrain 52, A-6020 Innsbruck, Tel. 05 12/5 07 41 00–41 06 – Fax 05 12/5 07 29 85
e-mail: orientalistik@uibk.ac.at

Wien: Institut für Orientalistik der Universität Wien, Univ.-Prof. Dr. Erika Bleibtreu, Spitalgasse 2, 4. Hof, A-1090 Wien, Tel. +43/14 27 74 34 01 – Fax +43/1 42 77 94 34
e-mail: orientalistik@univie.ac.at

Vorderasiatische Archäologie in der Schweiz

Bern: Institut für Vorderasiatische Archäologie und Altorientalische Sprachen, Länggass-Straße 10, CH-3012 Bern, Tel. 0 31/6 31 82 99

Christliche Archäologie, Byzantinische Kunstgeschichte, Biblische Archäologie in Deutschland

Berlin: Kunsthistorisches Institut – Christliche Archäologie, Freie Universität Berlin, Koserstr. 20, 14195 Berlin, Tel. 0 30/8 38 38 49 – Fax 0 30/8 38 38 10
Humboldt-Universität, Theologische Fakultät, Seminar für Kirchengeschichte, Lehrstuhl für Christliche Archäologie, Denkmalkunde und Kulturgeschichte, Burgstr. 25, 10178 Berlin, Tel. 0 30/20 93 57 38–57 35 – Fax 0 30/20 93 57 78,
ourworld.compuserve.com/homepages/kunstdienst/caduk.htm

Bonn: Christlich-Archäologisches Seminar im Kunsthistorischen Institut der Universität Bonn, Regina-Pacis-Weg 1, 53113 Bonn, Tel. 02 28/73 74 54 – Fax 02 28/73 57 40
Katholisch-Theologische Fakultät der Universität, Neutestamentliches Seminar, Regina-Pacis-Weg 1, 53111 Bonn, Tel./Fax 0 25 34/64 37 21
e-mail: robwenn@uni-muenster.de

Erlangen: Lehrstuhl für Christliche Archäologie und Kunstgeschichte, Theologische Fakultät, Kochstr. 6, 91054 Erlangen, Tel. 0 91 31/8 52 27 78 Fax 0 91 31/8 52 20 34

Freiburg: Institut für Biblische und Historische Theologie – Abt. 111, Lehrstuhl für Christliche Archäologie und Kunstgeschichte, Werthmannplatz KG 111, 79085 Freiburg, Tel. 07 61/2 03 20 70 – Fax 07 61/2 03 21 24 e-mail: warland@ruf.uni-freiburg.de

Göttingen: Seminar für Christliche Archäologie und Byzantinische Kunstgeschichte der Universität, Nikolausberger Weg 15, 37073 Göttingen, Tel. 05 51/39 74 70–75 05 – Fax 05 51/39 20 62

Greifswald: Christliche Archäologie und Geschichte der Byzantinischen Kunst Viktor-Schultze Institut an der Theologischen Fakultät der Universität Greifswald, Domstr. 11, 17487 Greifswald, Tel. 0 38 34/86 25 03

Halle: Martin-Luther-Universität Halle-Wittenberg, Theologische Fakultät – Institut für Historische Theologie, Abteilung für Christliche Archäologie und Kirchliche Kunst, Universitätsplatz 8/9, 06108 Halle (Saale), Tel. 03 45/5 52 30 04 – Fax 03 45/5 52 70 89 e-mail: zimmermann@theologie.uni-halle.de

Kiel: Institut für Alttestamentliche Wissenschaft und Biblische Archäologie, Theologische Fakultät, Universität Kiel, Leibnizstr. 4, 24098 Kiel, Tel. 04 31/8 80 23 84–3 – Fax 04 31/8 80 23 84

Leipzig: Universität Leipzig – Theologische Fakultät – Institut für Kirchengeschichte, Abteilung Christliche Archäologie und Kirchliche Kunst, Emil-Fuchs-Str. 1, 04105 Leipzig, Tel. 03 41/9 73 54 32

Mainz: Christliche Archäologie und Byzantinische Kunstgeschichte, Johannes Gutenberg-Universität, Binger Str. 26, 55122 Mainz, Tel. 0 61 31/39 22 58 – Fax 0 61 31/32 01 16 Seminar für Altes Testament und Biblische Archäologie Fachbereich 02: Evangelische Theologie der Johannes Gutenberg-Universität, Saarstr. 21, 55099 Mainz, Tel. 0 61 31/39 26 85 – Fax 0 61 31/39 26 03 e-mail: zwickel@mail.uni-mainz.de

Marburg: FB 05-FG Christliche Archäologie und Byzantinische Kunstgeschichte der Philipps-Universität, Biegenstr. 11, 35037 Marburg, Tel. 0 64 21/28 23 47 – Fax 0 64 21/28 89 43 e-mail: kochg@mailer.uni-marburg.de

München: Institut für Byzantinistik, Neugriechische Philologie und Byzantinische Kunstgeschichte der Universität, Geschwister-Scholl-Platz 1

Zimmer 325, 80539 München, Tel. 0 89/21 80 23 99 – Fax 0 89/
21 80 35 78

Rostock: Theologische Fakultät der Universität, Altes Testament und Biblische Archäologie, Schröderplatz 1/4, 18051 Rostock, Tel. 03 81/
4 98 38 76 – Fax 03 81/4 98 38 88
e-mail: hmn@theologie.uni-rostock.de

Tübingen: Besonderer Arbeitsbereich Biblische Archäologie, Evangelisch-
Theologisches Seminar der Universität Tübingen, Liebermeisterstr. 14,
72076 Tübingen, Tel. 0 70 71/2 97 28 79 – Fax 0 70 71/29 54 33
e-mail: mittmann@uni-tuebingen.de

Würzburg: Katholisch-Theologische Fakultät der Universität Würzburg,
Institut für Historische Theologie, Lehrstuhl für Kirchengeschichte des
Altertums, Christliche Archäologie und Patrologie der Universität,
Sanderring 2, 97070 Würzburg, Tel. 09 31/31 22 65 – 22 87 – Fax 09 31/
31 26 73

Christliche Archäologie, Byzantinische Kunstgeschichte, Biblische Archäologie in Österreich

Wien: Abteilung für Frühchristliche Archäologie am Institut für Klassische Archäologie Universität Wien, Franz Klein-Gasse 1, A-1190 Wien,
Tel. 42 77/4 06 11 – Fax 42 77/94 06
e-mail: Klass-Archaeologie@univie.ac.at
Institut für Kirchengeschichte – Christliche Archäologie und Kirchliche
Kunst, Evangelisch-Theologische Fakultät der Universität Wien, Roose-
veltplatz 10/7, A-1090 Wien, Tel. +43/14 06 59 81 40 – Fax: +43/
14 06 59 81 44

Ägyptologie in Deutschland

Berlin: Ägyptologisches Seminar der Freien Universität Berlin, Altsteinstr.
33, 14195 Berlin, Tel. 0 30/8 38 30 17 – Fax 0 30/8 38 30 17
Seminar für Sudanarchäologie und Ägyptologie, Humboldt-Universität
Berlin, Prenzlauer Promenade 149 – 152, 13189 Berlin, Tel. 0 30/4 79 73 28
Fax 030/4 79 73 26

Bonn: Ägyptologisches Seminar der Universität Bonn, Regina Pacis Weg 7, 53113 Bonn, Tel. 0228/737587

Göttingen: Seminar für Ägyptologie und Koptologie, Prinzenstr. 21, 37073 Göttingen, Tel. 0551/394400

Hamburg: Arbeitsbereich Ägyptologie, Archäologisches Institut der Universität, Johnsallee 35, 20148 Hamburg, Tel. 040/41233070 – Fax 040/41233255

Heidelberg: Ägyptologisches Institut der Universität Heidelberg, Marstallhof 4, 69117 Heidelberg, Tel. 06221/542533 – Fax 06221/542551

Köln: Seminar für Ägyptologie der Universität Köln, Albertus Magnus Platz, 50937 Köln, Tel. 0221/4703876

Leipzig: Ägyptologisches Institut der Universität und Ägyptisches Museum, Schillerstr. 6, 04109 Leipzig, Tel. 0341/282166 – Fax 0341/281809

Mainz: Institut für Ägyptologie/Vorderasiatische Archäologie, Saarstr. 21, 55099 Mainz, Tel. 06131/393994 – Fax 06131/395409

Marburg: Fachgebiet Ägyptologie, Außereuropäische Sprachen und Kulturen, Wilhelm-Röpke-Str. 6E, 35032 Marburg, Tel. 06421/284790 – Fax 06421/288913

München: Institut für Ägyptologie der Universität, Meiserstr. 10, 80333 München, Tel. 089/28927540 – Fax 089/28927545

Münster: Seminar für Ägyptologie und Koptologie, Westfälische Wilhelms-Universität, Schlaunstr. 2, 48143 Münster, Tel. 0251/834537

Trier: Institut für Ägyptologie, Universität Trier Fachbereich III, Postfach 3825, 54286 Trier, Tel. 0651/2012442 – Fax 0651/2013926

Tübingen: Ägyptologisches Institut der Universität, Schloß Hohentübingen, 72070 Tübingen

Würzburg: Institut für Ägyptologie der Universität Würzburg, Residenzplatz 2, 97070 Würzburg, Tel. 0931/31818 – Fax 0931/572261

Ägyptologie in Österreich

Salzburg: Forschungsinstitut für Koptologie und Ägyptenkunde, Universität Salzburg, Mühlbacherhofweg 6, A-5020 Salzburg, Tel. 00 43 / 66 28 04 44 12

Wien: Institut für Ägyptologie der Universität Wien, Frank-Gasse 1, A-1090 Wien, Tel. 00 43 / 14 05 43 00 – Fax 00 43 / 14 05 43 00 90

Ägyptologie in der Schweiz

Basel: Ägyptologisches Seminar der Universität, Schönbeinstr. 20, CH-4056 Basel, Tel. 00 41 / 6 12 67 30 62

Zürich: Orientalisches Seminar der Universität, Beckenhofstr. 26, CH-8006 Zürich, Tel. 00 41 / 13 61 37 30

Baugeschichte in Deutschland

Aachen: Lehr- und Forschungsgebiet Stadtbaugeschichte, RWTH Aachen Schinkelstr. 1, 52062 Aachen, Tel. 02 41 / 80 50 73 oder 80 66 66 – Fax 02 41 / 8 88 82 98
e-mail: jansen@stadtbaug.rwth-aachen.de

Karlsruhe: Institut für Baugeschichte, Englerstr. 7, 76128 Karlsruhe, Tel. 07 21 / 6 08 21 77 – Fax 07 21 / 6 08 60 29
e-mail: IfB@rz.uni-karlsruhe.de

München: Institut für Baugeschichte und Bauforschung, Technische Universität München, Arcisstr. 21, 80290 München, Tel. 0 89 / 28 92 24 54 – Fax 0 89 / 28 92 35 74
e-mail: baugeschichte@lrz.turn.de

Anhang 3: Archäologie im Internet

Ausführliche Informationen zu archäologischen Seiten im Internet gibt das 1999 erschienene Taschenbuch von S. Altekamp und P. Tiedemann, Internet für Archäologen (Darmstadt 1999). Darin sind Knoten, Verteiler und archäologische Suchmaschinen ebenso aufgelistet wie Präsentationen von Museen und Ausgrabungsunternehmen, Bibliotheken, online-Zeitschriften und archäologische Diskussionsforen. Allerdings war bei Erscheinen dieses eigentlich nützlichen Buchs ein Teil der darin angegebenen Internet-Adressen bereits wieder veraltet. Überhaupt ist es mühsam, die umständlichen Adressen von Hand einzutippen. Daher hat der archäologische Herausgeber einen Teil der Adressen auf seiner eigenen Internet-Seite zusammengestellt, wo man sie einfach durch Anklicken aufrufen kann (www2.rz.hu-berlin.de/winckelmann/virtbibl.html).

Obwohl die folgende Auflistung denselben Nachteil hat, soll dennoch eine kleine Auswahl von archäologisch relevanten Internet-Seiten für angehende Studierende oder Studieninteressenten zusammengestellt werden. Am besten geht man auf eine der genannten Internet-Seiten mit Link-Sammlungen und von da zu anderen archäologisch interessanten Seiten.

Knoten mit archäologischen Link-Sammlungen

Institut für Ur- und Frühgeschichte, Freiburg:
http://www.ufg.uni-freiburg.de/d/forum/index.html
Auf dieser Seite gibt es Links zu archäologischen Internet-Seiten zu verschiedenen Zeiten, Themen und Regionen. Unter der Rubrik «Deutschland» gibt es eine Link-Sammlung zu Archäologischen Instituten an deutschen Universitäten, die für den Informationssuchenden interessant sind. Entsprechendes gibt es für Österreich und die Schweiz unter der Rubrik Regionen/ Europa. Außerdem findet sich hier die archäologische Suchmaschine «Digger».

Link-Sammlung zur Klassischen Archäologie:
rome.classics.lsa.umich.edu/
Link-Sammlung zur Ur- und Frühgeschichte:
www.uni-tuebingen.de/uni/afj/index.html

Link-Sammlung zur Ägyptologie:
www.newton.cam.ac.uk/egypt/
Link-Sammlung zur Vorderasiatischen Archäologie:
www-oi.uchicago.edu/OI/DEPT/RA/ABZU/ABZU.html

Archäologische Verbände und Institutionen

Deutscher Archäologenverband (DArV):
userpage.fu-berlin.de/%7Echelone/darv/Welcome.html
Deutsches Archäologisches Institut (DAI) mit Hinweisen zu Aufgaben, Projekten und Mitarbeitern sowie Literaturabkürzungen und Richtlinien für die Herstellung von Manuskripten und Seminararbeiten:
www.dainst.de
Deutsche Gesellschaft für Ur- und Frühgeschichte (DGUF):
www.uni-koeln.de/phil-fak/praehist/dguf/DGUF.html
Österreichisches Archäologisches Institut (ÖAI)
bmwfa6.gv.at/2studinf/10intern/2ausbez/oearch.htm
Österreichische Gesellschaft für Vor- und Frühgeschichte (ÖGUF):
www.uni-vie.ac.at/urgeschichte/sonst/oeguf.htm
Schweizerische Gesellschaft für Ur- und Frühgeschichte (SGUF):
www.sagw.unine.ch/members/SGUF/d-index.htm
Ecole Swisse d'Archeologie en Gréce
www.unil.ch/scant/ESAG/
Grundwissen Archäologie: Perseus Project
www.perseus.tufts.edu/

Webseiten von Ausgrabungen

Römerstadt Augst (Schweiz):
www.baselland.ch/docs)kultur/augustaraurica/augusta_main-d.htm
Römerstadt Xanten (Deutschland):
www.bauwesen.uni-dortmund.de/forschung/xanten/german/xanten_stadtplan.htm

Webseiten von Museen

Berlin, Antikenmuseum und Pergamonmuseum:
www.perseus.tufts.edu/PR/smpk.ann.html
Erlangen, Antikensammlung der Universität:

www.phil.uni-erlangen.de/%7Ep1altar/aeriahome.html
Paris, Louvre, Großmuseum mit bedeutender Antikensammlung:
www.louvre.fr/
Inoffizielle Webseite der Vatikanischen Museen, Rom:
www.christusrex.org/www1/vaticano/0-Musei.html
Florenz, Uffizien, ein Museum vor allem mit Malerei seit der Renaissance,
aber auch antiken Skulpturen:
www.uffizi.firenze.it/welcomeE.html

Bildnachweis

Abb. 1 nach Y. Yadin, Masada (1966)

Abb. 2 a + b nach Y. Yadin, Masada (1966)

Abb. 3 Foto des Verfassers

Abb. 4 nach L. M. Ugolini, L'Agrippa di Butrinto (1932)

Abb. 5 DAI Rom, Reg. 68.1042

Abb. 6 Fotothek des Kunsthistorischen Seminars der Universität Göttingen

Abb. 7 Foto des Verfassers

Abb. 8 a Fotoarchiv, Archäologisches Institut der Universität Leipzig

Abb. 8 b Staatliche Museen Kassel

Abb. 9 DAI Athen Neg. 87/142

Abb. 10 Fotoarchiv, Archäologisches Institut der Universität Göttingen

Abb. 11 Foto des Verfassers

Abb. 12 Fotoarchiv, Archäologisches Institut der Universität Leipzig

Abb. 13 Fotoarchiv, Archäologisches Institut der Universität Göttingen

Abb. 14 Fotoarchiv, Archäologisches Institut der Universität Leipzig

Abb. 15 Kopenhagen, Ny Carlsberg Glyptotek, Foto Jo Selsing

Abb. 16 nach C. Weichardt, Pompeji vor der Zerstörung (1897)

Abb. 17 Foto Hans Lohmann, Bochum

Abb. 18 Fotoarchiv, Archäologisches Institut der Universität Leipzig

Abb. 19 nach Antike Welt 1976 Nr. 2

Abb. 20 nach Istanbuler Mitteilungen 40, 1990, 41 Abb. 1

Abb. 21 DAI Athen, Neg. Ker5976

Abb. 22 nach Lexikon der Alten Welt (1965) s. v. Vase

Abb. 23 a Fotoarchiv, Archäologisches Institut der Universität Leipzig

Register